选择力

张 旭◎编著

你可以选择成为任何人

中华工商联合出版社

图书在版编目(CIP)数据

选择力 / 张旭著. —北京:中华工商联合出版社,2013.12(2024.1重印)
ISBN 978-7-5158-0769-0

Ⅰ.①选… Ⅱ.①张… Ⅲ.①成功心理-通俗读物 Ⅳ.①B848.4-49

中国版本图书馆CIP数据核字(2013)第248112号

选择力

作　　者:张　旭
责任编辑:吕　莺　李伟伟
装帧设计:天下书装
责任审读:李　征
责任印制:迈致红
出版发行:中华工商联合出版社有限责任公司
印　　刷:河北浩润印刷有限公司
版　　次:2014年1月第1版
印　　次:2024年1月第2次印刷
开　　本:710mm×1000mm　1/16
字　　数:250千字
印　　张:15.5
书　　号:ISBN 978-7-5158-0769-0
定　　价:68.00元

服务热线:010-58301130
销售热线:010-58302813
地址邮编:北京市西城区西环广场A座
19-20层,100044
http://www.chgslcbs.cn
E-mail:cicap1202@sina.com(营销中心)
E-mail:gslzbs@sina.com(总编室)

前言

一分付出就有一分收获，这个道理人人都知道。可是又有谁在此同时想到，如果没有一个正确合适的选择，再多的努力都是白费的。

所以，从这个角度来说，应该是“一百次努力，不如一次正确的选择”。

选择，是一种心态、一门学问、一套智慧，是生活与人生处处需要面对的关口。

1

我们每天都在面临着选择，这个时代是个给人压力的时代——

街上的人们谈论着房价和股市又涨了多少；

写字楼里的白领们每天都在想怎么增加自己的业务；

在学校的学生都在考虑怎么找到更好的工作；

……

人人都在努力让自己生活得更好，每天都在做出自己认为正确的选择。

人人都做过选择题，有多项选择，也有单项选择。

单项选择只有一个正确答案，最好的方法就是运用排除法，把明显错误的先除去，然后再进一步筛选，这样得到正确选项的概率就会高很多。

相比单项选择，多项选择要难得多，你不知道有多少个选项是对的，也不知道有没有漏选，一不小心就会丢掉全部的分数。

人生的选择当然不可能像单项选择这么简单，面对选择，人们也不可能像丢分数那样淡定。人人都希望前方有一条最适合自己的路等着自己一路绿灯地走过去，你所做的只是需要找对它。要找到这条路，就需要在人生的选择中步步慎重。

学会看清自己，承认现实，看懂世界，持续失败，然后了解规则。有一天，你会发现，你随便遛一弯儿，就能走出一条阳光大道。

2

选择，这个问题看似简单，却又复杂，看似平常，却又特殊。

你想要的不一定对，不一定适合你，也许走起来很崎岖，但那是你想要的；你伸手可及的，也许是平坦的，是最正确的、最适合你的，但是却没有你想要的惊喜。

能有以上选择权利的人应该是幸福的，因为他至少还可以凭借自己的想法去选择。

而人生中大多的选择是无奈的，不管是哪条路，那都是你不得不选择的。举个最简单的例子，你想选择上大学，可就是没有考上，那你只能选择其他的道路。

对自己的选择负责任，正确面对自己的选择很难。

自己的路选择了就别后悔，好好地面对，因为后面还会不停地出现选择题，尽管现在你可能走上了一条你不喜欢的路，但后面还是有机会改变的。

所以，不要后悔自己选择的每一步。

虽然每个人对生活的理解不一样，但下面这些选择却是每个人都梦寐以求的，这些选择智慧也是每个人所需要的。

选择快乐，放弃忧愁；

选择坚强，放弃软弱；

选择宽容，放弃狭隘；

选择友爱,放弃仇恨;

……

这些正确的选择,是你一定要做的。学会选择的同时,也要学会放弃。

如果说,选择是人生的第一推动力,选择是主宰人生命运的关键,那么,放弃则是胸怀和境界的开阔,是痛苦和忧愁的不屑,是风度和勇气的超脱。

3

在这个世界上,没有人是天生的成功者,也没有人是天生的失败者。大家之所以拥有不同的人生,是因为各自的选择不同。人生路漫漫,只有选择最有效的途径和方法,才能使自己获得更大的进步和提高。

昨天的放弃决定今天的选择,明天的生活取决于今天的选择。

本书从人的生活、工作、社交、家庭、学习、能力、修身等多方面出发,告诉大家如何学会选择和放弃,赢得精彩的生活,拥有海阔天空的人生境界。

目 录

Contents

当我们站在前途未卜的十字路口，正确的选择显得尤为重要,它决定着我们一生的成败。做出选择是需要果断和勇气的,它有猜测和赌博的成分,但更多的是来自于自身知识和智慧的判断。

所以，你要放下那些鸡肋般的生活模式，勇敢做出选择,争取搭上成功的航班。

在我们进行职业的选择时,首先要考虑的是,我选择的这份工作是否适合自己的性格?是否利于长远的发展?自己是否有能力胜任?千万不要一味地选择眼前热门的、赚钱的职业,要把自己的视野放得长远些。

社会经济在不断发展变化,无数的机遇蕴含在其中。你随时都能遇到许多赚钱机会,就看你能不能去认识它、把握它了。

许多人在他们攀登顶峰的路途上往往会错过很重要的一步,因为他们没有把握住难得的机会——虽然机会就在他眼前。你应该及时把握机会,因为机会是不会第二次敲门的。

在结婚前，你一定要知道，人的一生中会遇到3个人，一个你最爱的人，一个最爱你的人，还有一个和你共度一生的人。

然而遗憾的是，这3个人在大多数情况下都不能合二为一。你最爱的，没有选择你；最爱你的，往往不是你最爱的；而最长久地陪伴你、和你步入婚姻的，偏偏不是你最爱的，也不是最爱你的，只是在最适合的时间出现的最适合你的那个人。

想要实现自己美好的愿望,必须拥有健康做保证。

健康是可以选择的?没错,教育、知识、毅力都可以提高一个人的健康商数。世上没有万能的健康秘方,但只要热爱生命,积极生活,并且养成良好的生活习惯,就一定能走出自己的健康之路。

行囊装得太满,就会阻碍我们行走在人生大道上的步伐。果断地放弃,不仅是一种清醒的选择,也是一种明智的选择。

学会在取舍之间感悟人生,才能让你获得成功的生活;学会收放自如,才能帮助你寻找到人生幸福快乐的起点和源泉。

第一章

正确选择你的人生，搭上成功的航班

当我们站在前途未卜的十字路口，正确的选择显得尤为重要，它决定着我们一生的成败。做出选择是需要果断和勇气的，它有猜测和赌博的成分，但更多的是来自于自身知识和智慧的判断。

所以，你要放下那些鸡肋般的生活模式，勇敢做出选择，争取搭上成功的航班。

1.你的选择，决定你的命运

春生和智博都生在贫困山区，为了生计，他们决定走出山区，去开创属于自己的天地。他们没有选择去同一个城市，春生选择去上海，智博选择去北京。很快，他们都买了通往自己要去城市的火车票。

在候车厅里等车的时候，一群打工者模样的人在那里议论：还是北京人好，饿了有免费的饭吃，渴了有免费的水喝；而上海，问个路他们都要向你要钱。

听到他们的谈话，春生后悔了："我现在最缺的就是钱，到那儿连问路都要给钱，我怎么这么傻啊，要是选北京多好，有饭吃有水喝，可是现在票都买了，哎！”春生有种想哭的冲动。

智博听后的反应则是：“天哪，上海问路都要钱，可想而知赚钱的机会有多少，我不要去北京了，我要去上海。”想完，他就转脸面向春生，问道：“你愿意跟我换票吗？”

此时的春生正在为这件事烦恼，听智博这么一讲，当然很高兴地与他换了车票。于是，春生去了北京，智博去了上海。

春生到达北京后，先是找工作，可是由于他眼高手低，始终没有遇到合适的。春生倒也不为生计发愁，因为北京每天都有这样或那样的展览会，吃喝都不用花钱，吃饱喝足后，就在大桥下美美地睡上一觉，倒也逍遥自在。长时间下去，春生干脆就以捡饮料瓶为生。

而智博到了上海后，便抓紧时间找工作。由于人生地不熟，智博也没有找到适合自己的工作，但他听说上海人喜欢养花，但苦于没有好的泥土。听到这个消息，智博便去郊区挖来上好的泥土再卖给他们，日复一日，倒也积累了不少钱。有一次，智博在前去找泥土的途中，听见一位老板对自己的员工说道：“你看我们办公室的窗户都脏成那样了，怎么不知道擦一下呢？”员工听后当即反驳说：“我们可是在17层啊，这么高，我们可不敢擦。”智博听后抬头看看了大厦的窗户，10楼以上的窗户上果然布满了灰尘，于是，又一个想法冒了出来。

智博利用自己的积蓄开了一家小型的家政公司，专门为那些公司阶层的人群服务。由于智博的精心经营，他的家政公司很快就得到了扩展，在此基础上，他还开了一家花土店。

事业处在高峰期的智博很想知道春生在北京过得怎么样，于是他买好飞机票飞往春生所在的城市。当他喝着饮料走出飞机场的时候，却听见一个熟悉的声音：“先生，你可以把你这个瓶子给我吗？”说完就伸出了黑糊糊的手。当两人抬起头时，他们都惊呆了，智博怎么也没有想到一同出来的春生会沦落到如此境地。

两人之间的差异是有目共睹的。如果当初春生没有选择安逸的心理，说不定此时的他也不会沦落到这步田地。因此，努力对一个人很重要，选择更重要，只有选择了正确的道路，才能将你引向成功的辉煌。

在第一次世界大战中，美国的大山和朝鲜的东尼被当作间谍俘获，而那个国家的将军历来坚持一个原则，那就是被俘的人被抓住的时候就会判其死刑。

但将军并不是一个以杀人为乐的人，所以，多年来他一直坚持，在执行枪决的时候，他都会给受俘者一次选择的机会，那就是由行刑队迅速枪决或者是碰运气去选择一道神秘的黑门。

死刑执行的前一刻，将军问他俩选择怎样的死法。

首先站出来的是东尼。东尼站在黑门前犹豫了一下，想象出各种各样的惩罚手段，想得他不寒而栗。最后，他放在黑门上的手落了下来，并对将军说道："你还是让他们开枪打死我吧！"几分钟后，枪声响起，东尼被执行枪决。

轮到大山的时候，大山想：横竖是死，虽然执行枪刑会让自己死得更快一点，但他还是想知道大门后面设置的到底是什么东西。

没等将军开口，大山便说道："我选择去面对黑门里的处罚。"

将军问大山："也许里边的死法会让你痛不欲生。给你3分钟时间，你还是考虑清楚，不要轻易地做出判断。"大山听后说道："我因做了错事被你们抓住，我死而无憾，还请求将军能满足我死前的愿望。"

将军笑着说道："那好，祝你好运！"

此时，在场的所有人都为大山捏了一把冷汗，因为除了将军，他们谁也不知道黑门后面到底是什么样的惩罚。当大山鼓起勇气推开黑门的时候，摆在他面前的却是一条干净的大路。他不解地面向将军，"这是？"

"恭喜你，你获得了自由，希望你走出去后能堂堂正正做一个好人。"

大山听后,喜悦无以言表,他鞠躬谢过将军后就走了。

此时的将军对着他的副将说道:“大山的选择决定了他再生的命运。很多人在面对未知的事物时,都有一种恐惧,他们不敢去探究黑门后到底是什么。在大山之前的那些人,即使给他们选择,他们还是无一例外地选择了死亡。”

大山和东尼的故事告诉我们：人的一生中要面临的十字路口有很多，每一条路的尽头都是我们未知的结果，一定要根据自身的价值取向,朝准一个方向,勇敢地迈出自己的第一步。只有尝试了,才能知道我们走的路是否正确。

2.正确的选择让你与成功“握手”

婷婷出生在一个贫困的家庭,她在家的生计都是靠父亲挖煤所挣的工资来维持。然而,天有不测风云,父亲在一次挖煤的过程中因塌方而离开了人世。从此,家里就剩下了她与母亲相依为命。

家里的条件决定了婷婷再也不能上学了,她离开了自己心爱的高中课堂。她知道自己这一辈子再也逃脱不了面朝黄土背朝天的命运,之前为自己规划的绚烂蓝图顷刻瓦解。

煤窑给了婷婷家里一些微薄的抚恤金,婷婷握着手里的钱,哭了起来,她想到父亲以生命换来的就是这么一点钱,替父亲感到不值。于是,她跑去跟煤窑老板交涉。老板看她只不过是一个18岁的女孩,便没把她放在眼里,满脸不屑地说道:“就是这么点,你不服气就去告我啊!”婷婷知道自己遇到了无赖,只有通过自己的努力才能为父亲讨回公道。

于是,婷婷不顾母亲的反对,拉起母亲,拿着父亲用生命换来的微薄工资,踏上了去北京的道路。她不顾路途劳累,直接奔向律师事务所,在听完婷婷的遭遇后,再结合婷婷的家庭条件,律师决定帮助这个苦难的家庭免费打官司。

事实胜于雄辩，没费多大力气，婷婷就胜诉了，得到了应有的赔偿。母亲对她说："现在我们也得到了相应的补贴，明天就回家里去吧！"婷婷看到了律师的作为，她羡慕律师的工作，此时的她，下定决心要做个为民请命的律师。

婷婷告诉母亲，她不愿意回家种庄稼，她有着远大的理想，她一定会非常努力，通过自己的努力实现自己的理想。母亲知道婷婷的性格，也就没有再阻拦她。

在最短的时间内，婷婷报考了律师专业。在校期间，她是最刻苦的一个，因为她知道，此刻能改变自己命运的只有学好知识，她要对得起自己的这次选择，要对得起父亲用生命换来的学费。

功夫不负有心人，婷婷凭着过硬的知识在一家律师事务所脱颖而出，正式上岗后又打赢了好几场官司。面对日益见长的工资和良好的名声，婷婷的人生赢来了第二个春天。

婷婷凭借自己的努力争取到了学习知识的机会，本应种庄稼的她，因为果断地选择了律师的专业，而成了一个有良好名声、丰厚待遇的律师。农民和律师是两种截然不同的人生，正是因为婷婷坚持了自己的选择，才改变了自己的命运。

选择是一个人性格和智慧的综合，当你做出选择的时候，势必要放弃原先的人生轨迹。

在李嘉诚10多岁的时候，他的父亲突然去世，家庭的重担全部落到了他身上，当时的他不得不靠打工来维持整个家庭的生存。他先是在茶楼做跑堂的伙计，后来应聘到一家企业当推销员。由于做推销员首先要会跑路，这一点难不倒他，以前在茶楼成天跑前跑后，练就了一副好脚板，但最重要的，是怎样把产品推销出去。

有一次,李嘉诚去推销一种塑料洒水器,连走了许多家都无人问津。当时的他是同事中业绩最差的。这天,他跑了整整一上午,却没有一点收获。若他下午还是毫无进展,他便很可能会被炒鱿鱼。面对这样的结果,李嘉诚十分丧气,他甚至准备干脆辞职不干,转行干别的行业。不过,后来他突然明白过来:推销效果不理想,并不是产品不行,而是自己推销不到位。否则,其他的推销员为什么就能够干得那么好呢?看来,唯有自己多开动大脑想办法,才能有真正的突破。

于是,他又开始不停地给自己打气,精神抖擞地走进另一栋办公楼。当时的他看到办公室的楼道上灰尘很多,便突然灵机一动,跑去洗手间,往洒水器里装了一些水,趁着有人经过的时候,将水洒在楼道里。

经他这样一洒,原来很脏的楼道,一下变得干净了。此举立即引起了主管办公楼的有关人士的注意,他一下午便卖掉了十多台洒水器。

如果李嘉诚将辞职不干的想法付诸实践,或许他就不会成为今天的李嘉诚。他之所以能够成功,就在于他在自暴自弃和自我反省间明智地选择了后者。如果他一直自怨自艾,又怎么能想出这样一个精妙的推销策略呢?

由此可见,正确的选择往往能够改变命运,但做出选择是需要勇气的,选择后的人生也许是成功的,也许是失败的。但只有敢于尝试,能直面失败,果断地做出抉择,才有机会和成功“握手”。

3.遇事冷静,才能做出正确选择

传说叙拉古亥厄洛王让工匠做了一顶纯金王冠。金王冠做成后,样式很好看,而且重量恰好等于国王给工匠的金子的重量。但国王怀疑工匠偷去了若干金子,而掺入了银子和其他金属。国王命令阿基米德在丝毫不损坏金王冠的情况下，查明金王冠中是否掺入了其他金属以及掺入的重量。

阿基米德苦苦寻找解决这个难题的办法，但一直没有什么进展。想累了，他便决定去洗洗澡，放松放松。他来到浴室，打开进水管，躺进浴盆里，温热的水浸泡着他，好不惬意。他享受着这舒适的宁静，安静中，他听到有哗哗的水声。他睁眼一看，发现浴盆里的水已经满到了盆口，正在往外溢。他赶紧从浴盆里出来，看见水位又低了下去。此时，他忽然领悟到了一个极其重要的科学原理。他欣喜若狂，连衣服都没穿好，就往皇宫跑去，大声喊着："我找到啦！我找到啦！"

他找到了两个原理：一是把物体浸在任何一种液体中，液体所排开的体积，等于物体的体积；二是物体所受到的液体浮力，等于所排出的液体的重量。阿基米德将与金王冠等重的一块金子、一块银子和金王冠分别放在水中。金块排出的水量最少，银块排出的最多，金王冠在两者之间，这就证明了金王冠中一定掺入了其他金属。在事实面前，工匠只得低下了头。阿基米德发现的就是液体静力学的基本原理。

在这个故事里，我们看到阿基米德在身心完全放松的情况下，静静地独处，排除了身体内外的一切干扰，让思维在有意无意中自然游荡。这时，灵感产生了，以前理不清的事情，突然清晰地出现在了面前。

这是一种独处静思的方式，即让大脑休息，从苦苦思索转为放松地、下意识地思索。它和静静地独处、安静地思考问题有所不同，但它们的共同点都是要保持心灵的平静、身体的放松。可坐，可躺，可在室内，可在郊外，总之，要避开干扰，消除紧张。

平日有人遇到烦心事时，常会说：对不起，我要一个人待一会儿。这样的人是聪明的，他会通过独处静思，使自己冷静下来，以一种新的平静的心态来重新看待所发生的一切。

我们也应该学会这一方法，再进一步，可以把它变成一种习惯。每天,最好是在晚上,或是清晨,抽出十几分钟或半个小时,找一个无人打搅的地方,静静地沉思冥想,或者干脆什么也不想,闭上双眼,深呼吸——吸气,吐气,再吸气,再吐气……当有杂念干扰我们的思想时,要轻轻地赶开它们,把注意力继续放在自己的呼吸上,一遍一遍重复地做。这时候,我们心中的浮躁、焦虑、忧愁就会慢慢地离去。

一天,一个人正在大街上行走,突然有人喊了一声:“喂!你脚下好大一枚金戒指!”这人低头一看,确实是一枚金戒指,看起来大约值1000元。他捡了起来,喊话的人也走了过来,说:“这枚戒指是我发现的,应该有我一份。”这人一想有道理,但一枚戒指怎么分呢?

这时,喊话的人出了个主意:“这样吧,我给你200元钱,你把戒指给我?”这人一想,明明值1000元的戒指,一人一半应是500元,你想多分300元,天下哪有这样的好事?于是反问道:“不行,这样做你愿意吗?”

喊话的人听了,犹豫了一会儿,说:“好吧!也没别的办法了,你给我加200元钱,戒指就是你的了?”

这人一阵窃喜,照办了。回家后冷静一想,才发现事情有些蹊跷。请人一鉴定,戒指是假的,一文不值。为什么这人会上当受骗呢?因为他当时没有冷静地去思考问题。

为什么他不能冷静呢?因为他心里不空,他一看见金戒指,内心的欲望就燃烧起来了:他要得到这枚戒指。他心中有了这样的想法,就无法冷静,对事情的来龙去脉也就不会仔细思考,自然会上当受骗。

几乎所有的骗子和骗术都是在利用人们不能冷静的心态。因为,只有这时,人们才不会去审时度势,无法发现事实的真相,他们的骗术才会成功。

天竺高僧菩提达摩,在中国南朝梁代时,漂洋过海来到中国传授禅学。他来到中岳嵩山少林寺，寺中老僧对他并不热情，达摩便在寺后山上找到了一个天然石洞，在蒲闭上坐定，开始面壁修习禅定，这一修炼就是9年。因面壁时间长久，达摩的身形竟映入石中，留下了“面壁石”的奇观。

起初少林僧众对达摩面壁都抱着看热闹的态度，洞口终日人声喧哗，但达摩我行我素，并不受影响。9年过去了，少林僧众都成了达摩的信徒，达摩由此也成为中国禅宗始祖。

达摩面壁，是要使自己抵御住外界的诱惑，保持内心的纯净，“心如墙壁”，从物欲的困扰中解脱出来。静坐修炼，其成为禅宗的一项重要修身方法。

日本卡通片中的一休小和尚，每次遇到难题，都要独自坐在树下，以手指按头，静坐一会儿。经过这样的思索，他很快便能找到问题的答案。

很多科学家都有独自沉思的习惯，伟大的发现和发明往往就在这时候诞生。例如，万有引力定律的发现，就是牛顿独自一人在苹果树下沉思时，一个偶然掉下的苹果触发了他的灵感。

由此可见，一个人的心态只有达到了空与静的状态，才能“不以物喜，不以己悲”。拥有了这样的心态，也就拥有了一切。然而，这样的人却寥寥无几。

现实生活中，一些人之所以不能够成功，并不是由于其智商不高，而在于他们的内心没有达到“空”与“静”的状态，阻碍了他们做出正确的选择。

心浮气躁者看不清事物的本来面目，容易主观行事，一错再错；心平气和者能认清事物的本来面目，自然万事得理，一顺百顺。

所以，凡事一定要保持冷静，才能做出理性而明智的选择。

4.命运不会注定，但好运可以选择

早在公元前一世纪，希腊斯多葛派大师埃皮克提图就已经给了我们这样的建议："无论偶然何时降临，记得问自己，如何才能让它发挥效用。"他所说的"偶然"，大概就等同于我们口中玄而又玄的"命运"吧。

是的，我们的一生充满了太多自己难以把握的偶然性，这从出生时就开始了。终其一生，我们都必定要受到外在世界一些不确定性因素的影响，而我们的命运也注定是不确定的。正是这种不确定性，使得生活不能总是如我们所愿，但它同时也决定了没有所谓"注定的命运"。一切都在偶然中发展，前面的环节影响着后面的每一个步骤。

那么，既然"不确定的命运"是人生的真相之一，也是我们必须面对的事实，我们需要做的就是如何适应这个充满不确定性的环境，进而成为胜利者。我们要学会如何远离危险；当机会出现的时候，要懂得如何识别，也要懂得如何争取别人的支持。如果能做到这些，毫无疑问，你就是众人眼中"好运相随"的幸运儿。但事实上，好运如影随形并非因为你真的备受上天眷顾，而是你做出了正确的选择。

做出正确的选择谈何容易？假如现在给你两个选择：其一，一次性给你100万元；其二，先给你1元，之后连续30天每天给你前一天两倍的钱。你会选哪一个？大概很多人都会毫不犹豫地选择第一种，那他只能拿到100万元，而选择后一种的人却能在第30天拿到超过5亿元的数目！只是一个非常简单的选择，但会选择的人与不会选择的人得到的结果却天差地远。

这只是一个简单的例子，其中却蕴含着非常深刻的道理。我们太多人愿意选择眼前的财富和幸福，而忽视了那些需要等待的收获和甜美。很多人不肯在今天用功，因为太辛苦，而且是否能成功还是个未知数，还不如选择享受今天的安逸生活。既然已经选择了得过且过，那又怎么能希望明天好运会降临到你头上呢？

人无法选择时，至少有一样可以选择：那就是选好自己要干的，而不是得过且过。在同一个工作岗位上，有的人勤恳敬业，付出得多，收获也多；有的人整天想调好工作，而不做好眼前的事。其实，你的选择也决定了将来的被选择，而这种被选择，往往就是"好运"的代名词。

5.调整心情，力求把手里的每张牌都打好

人生的道路是曲折不平的，当你面临大大小小的选择时，所做的抉择就决定了你的人生轨迹。因此，你必须认清自己的方向和目标，以便做出正确的选择。

选择，要做的是学会控制自我。在生活中，有太多太多插着鲜花的陷阱，面对这些诱惑或者威胁，只有把握住自己，才能做出正确的选择。纵观历史长河，有多少千古遗恨都是因为一时无法自控而造成的。生活的不如意是客观存在的事实，每个人都无法改变，至少暂时无法改变，但你可以选择，选择光明的世界，选择美好的人性，生活的选择权掌握在自己的手上。

艾森豪威尔年轻时，经常和家人一起玩纸牌游戏。一天晚饭后，他像往常一样和家人打牌。这一次，他的运气特别不好，每次抓到的都是很差的牌。开始时，他只是有些抱怨，后来，他实在是忍无可忍，便发起了少爷脾气。一旁的母亲看不下去了，正色道："既然要打牌，你就只能用你手中的牌打下去，不管牌是好是坏。要知道，好运气不可能永远光顾于你！"

艾森豪威尔听不进去,依然愤愤不平。母亲见他依旧气呼呼的样子,就心平气和地告诉他:“其实,人生就和打牌一样,发牌的是上帝,不管你手里的牌是好是坏,你都必须拿着,必须面对。你能做的,就是让浮躁的心情平静下来,然后认真对待,把自己的牌打好,力争达到最好的效果。这样打牌,这样对待人生才有意义!”

母亲的话犹如当头一棒,令艾森豪威尔在突然之间对人生有了直观的感悟。此后,他一直牢记母亲的话,并以此激励自己去努力进取、积极向上。就这样,他一步一个脚印地向前迈进,成为中校、盟军统帅,最后登上了美国总统之位。

印度前总统尼赫鲁曾经说过这样一句话:“生活就像是玩扑克,发到手里的牌是定了的,但你的打法却完全取决于自己的意志。”没错,上帝发牌是随机的,发到你手里的牌有好有坏,分到什么就是什么,没有任何选择的余地和更换的可能性。当你拿到不好的牌时,请不要一味地抱怨,因为这对于你没有半点用处,现状也不会因为你的抱怨而有所改变。但你能够做的,或者说应该做的,就是调整自己的恶劣心情,将自己手中并不算好甚至还有点糟糕的牌优化组合,并力求把每张牌都打好。

提起潘石屹和他的现代城、长城脚下的公社,几乎无人不知,无人不晓。

1981年,潘石屹从北京培黎学校毕业,以第一名的优异成绩被石油学院录取。1984年,潘石屹毕业后被分派到河北廊坊石油部管道局经济改革研究室工作。在那里,他的聪明和对数字天生的敏感博得了领导的赏识,并被确定为“第三梯队”。

有一次,办公室新分配来一位女大学生,她对分配给自己的桌椅十分挑剔。当潘石屹劝她凑合着用时,对方却非常认真地说:“小潘,你知道吗,这套桌椅可是要陪我一辈子的。”就是这不经意的一句话深深地触动了潘石屹：难道我这一生将与这套桌椅共同度过？正在思辨的时候，他遇见了远在刚刚开放的深圳创业的一位老师。于是，他决定改变自己的命运。

1987年，潘石屹变卖了自己所有的家当，毅然辞职，揣着80元钱去广东打工，后来去了海南，与朋友开公司，自己做老板，开始了经商生涯。凭借着个人努力，潘石屹迅速完成了原始资本的积累。

1993年，潘石屹在北京注册了北京万通实业股份有限公司，任法人代表兼总经理，开始了在北京房地产界的创新与创业，最终成为了北京房地产业的一颗新星。

人的一生中充满了大大小小的选择，小到在餐馆点菜，大到选择人生信仰，选择不同，道路也会不同。鱼和熊掌不可兼得，你必须学会选择。面对繁复的世界，面对各种各样的选择，你必须认准自己的方向和目标，才能做出正确的选择。

总之，在人生的关键时刻，一定要用自己的智慧去选择，这样才能做出最正确的判断，从而选择正确的人生方向。同时，要注意你的选择角度是否存在偏差，以便适时地给予调整。

6.如果你想实现自己的人生价值，千万别忘了不断地选择

人生只有三天——昨天、今天和明天。你的今天是你的昨天所决定的，而你的明天将由你的今天来决定。

人生在世，无时无刻不面临着选择，有时无关紧要，有时事关重大，有时面临生死。选择是如此重要，选择的正确与否关系到我们事业的成败、家庭的和谐以及个人的身心健康。

人生的道路很漫长，紧要处就那么几步。选对了，人生就会变得辉

煌、精彩;选错了,就会令你苦恼与遗憾。

做出合理判断从而走向成功,或者陷入失败,都在于你自己。一个人要想获得成功,拥有一个美丽的人生,应该认清自己的人生方向和目标,做出正确的选择,寻找适合自我生存和发展的空间。

有3个人要被关进监狱3年,监狱长允许他们一人提一个要求。美国人爱抽雪茄,要了3箱雪茄;法国人最浪漫,要1个美丽的女子相伴;而犹太人说,他要一部与外界沟通的电话。

3年过后,第一个冲出来的是美国人,嘴里鼻孔里塞满了雪茄,大喊道:"给我火,给我火!"原来他忘了要火了;接着出来的是法国人,只见他手里抱着一个小孩子,美丽的女子手里牵着另一个小孩子,肚子里还怀着第三个;最后出来的是犹太人,他紧紧握住监狱长的手说:"这3年来,我每天与外界联系,我的生意不但没有停顿,反而增长了200%,为了表示感谢,我要送你一辆劳斯莱斯!"

这个故事告诉人们,什么样的选择就会决定什么样的生活。今天的生活是由3年前你的选择决定的,而今天你的抉择将决定你以后的生活。你要选择接触最新的信息,了解最新的趋势,才能更好地创造自己的未来。

虽然选择的权利在自己的手中,但许多人都没有使用这一权利,也许这就是成千上万的人活得碌碌无为的最直接的原因。如果你想实现自己的人生价值,千万别忘了选择,因为只有选择才能给你的生命不断注入激情,只有选择才能使你拥有把握自己命运的伟大力量,也只有选择才能把你人生的美好梦想变成辉煌的现实。

很多人的生活就像秋风卷起的落叶,漫无目的地飘荡,最后停在某处,干枯、腐烂。为了促进个人的成长,达到个人的幸福,你必须学会驾驭生活,你必须自己选择服装,选择朋友,选择工作,选择奋斗目标……

甲、乙、丙、丁是4个幸运的年轻人，他们得到了上帝的垂青，可以搭上“愿望列车”，去选择自己的将来。“愿望列车”有4个停靠站，分别是金钱站、亲情站、权力站和健康站。甲、乙、丙、丁可以选择在任何一个车站下车。他们选择了哪个停靠站，经过努力后，在这方面的发展就会特别的顺利和成功，而其他方面则会相应地失败一些。

于是，4个人带着自己的追求做出了自己的选择。甲在“金钱站”下了车，乙在“亲情站”下了车，丙在“权力站”下了车，丁在“健康站”下了车。

30年过去了，甲、乙、丙、丁四人不约而同地来找上帝倾诉。

甲说：“谢谢上帝，我现在非常有钱，富可敌国。可是年轻时为了挣钱，我透支了青春，现在身体总有这样那样的毛病。我觉得很不幸，能否用我的钱把‘健康’买回来？”

乙说：“我很幸福，有一个和谐美满的家庭。可我的烦恼也挺多……我能用亲情换些金钱和权力吗？让家人更加幸福。”

丙说：“我有许多权力，人家当面说的是赞美、讨好的话，背后却是恶语谩骂。别人请吃饭，不去不行，因为他们说你有点权力就摆谱；坚持原则办事，亲戚说你六亲不认……我多想有健康和亲情呀！”

丁说：“我身体健康，从没有去过医院。可我的妻子却说我不求上进，像一头猪一样活着，永远也过不上开私家车、住别墅的日子。为此，我常常烦恼。我能不能用我的健康换些钱和权力来呢？”

上帝看着他们，指了指天空自由飞翔的小鸟，又指了指笼中欢快跳跃的小鸟说：“人其实就像小鸟，天空小鸟的快乐，在于它选择了自由；笼中小鸟的快乐，在于它可以轻松安逸地待在笼子里。快乐源于选择，源于如何看待自己的选择。后悔是没有用的。”

人生的道路是一条曲线，起点和终点无可选择，但起点和终点之间充满了无数个选择的机会。在这个很精彩且复杂的世界里，无论是强者还是弱者,也无论是成功者还是失败者,他们之间最重要的区别就是对人生之路选择的差别。前者选择了一条布满荆棘、充满风险却能使人生放射华光异彩的道路,而后者则选择了一条平坦却很平庸的道路。

如果你不想平凡地度过此生,想在芸芸众生中脱颖而出,那么你一定要注意决定你一生的“选择”!

7.你有权选择成功,也有权选择平庸

一个人的手中既握着失败的种子,也握着迈向成功的潜能。你有权选择成功,也有权选择平庸,没有任何人或任何事能强迫你,关键在于你的“选择”。

有人说:“我们老得太快,却聪明得太迟。”人生漫长而又短暂,能够决定一个人一生命运的,其实就是那么几步而已。不会选择的时候,我们面临着多种选择;而当我们满腹经纶、有能力选择的时候,却已经没有多少可以选择的机会了。

回首往事,人总是免不了有许多懊悔,发出“如果有来生,我……”的感叹。这个时候,你抱怨的其实并不是命运,而是你当初的选择。假如你当初是另一种选择,也许你还会对现状不满,感觉不尽如人意,但是,至少是另一种人生吧。人生是一张单程车票,可以回头的机会寥寥无几,在你匆匆的步履中,一些不起眼的、不经意的选择就决定了你今天的命运。你要选择什么样的生活,全凭你那一刹那的决定。而这个决定,可大可小。切记,慎之再慎!

有一个美国人,平常很爱喝酒,毒瘾也很重,脾气也非常暴躁,他就因为是看不惯,便把一个酒吧的服务生给杀了,然后被判终身监禁。这个美国人有两个儿子,年龄相差只有一岁,老大跟他的老爸一样,毒瘾

也很重，靠抢劫和偷窃为生，最后判终身监禁。老二却不一样，家庭非常幸福美满，有漂亮的妻子和可爱的孩子，是一家跨国公司分公司的老总。同一个父亲，两个不同的儿子，记者觉得很奇怪，去采访的时候问："为什么会这样？"答案很令人惊讶，两个人的回答完全一样："有这样的爸爸，我还有什么办法？"

选择生存是每一种生物体所具有的本能，连埋在地里的种子也有这样的力量。正是这种力量激发它破土而出，推动它向上生长，并向世界展示自己的美丽与芬芳。这种激励也存在于人们的体内，它推动一个人完善自我，以追求完美的人生。一旦你有幸接受这种伟大推动力的引导和驱使，你的人生就会成长、开花、结果；反之，如果你无视这种力量的存在，或者只是偶尔接受这种力量的引导，就只能使自己变得微不足道，庸碌无为。这种内在的推动力从不允许人们停息，它总是激励着人们为了更加美好的明天而努力。

在众多的人生选择面前，当你无能为力时就不要去浪费时间，而要将更多的精力放在你可以改变的事情上。让青春学会选择，让选择打造成功，让成功引领人生！选择很重要！有人说：态度决定了你的一生。是的，要选择走什么样的路，完全在于你自己，别人只能给你一个意见或是方向，最终的决定权还是你自己！

在大学里，期中考试后的一天，班里的一个同学因为各门功课都考得一塌糊涂，所以忧心忡忡，在哲学课上无精打采。他的异常引起了哲学教授的注意，教授拿起一张纸扔到地上，请他回答：这张纸有几种命运？

那位同学一时愣住了，好一会儿，他才回答："扔到地上就变成了一张废纸，这就是它的命运。"教授显然并不满意他的回答。教授又当着大家的面在那张纸上踩了几脚，接着，他又捡起那张纸，把它撕成两半扔在地上，然后，心平气和地请那位同学再一次回答同样的问题。那位同学也被弄糊涂了,他红着脸回答:“这下纯粹变成了一张废纸。”

教授不动声色地捡起撕成两半的纸，并在上面画了一匹奔腾的骏马,而刚才踩下的脚印恰到好处地变成了骏马蹄下的原野。最后,教授举起画问那位同学:“现在,请你回答这张纸的命运是什么?”那位同学的脸色明朗了起来,干脆利落地回答:“您给一张废纸赋予了希望,使它有了价值。”教授脸上露出了一丝笑容。很快,他又掏出打火机,点燃了那张画,一眨眼的工夫,这张纸变成了灰烬。

最后教授说:“大家都看见了吧,起初并不起眼的一张纸片,我们以消极的态度去看待它,就会使它变得一文不值;我们再使纸片遭受更多的厄运,它的价值就会更小。如果我们放弃希望使它彻底毁灭,很显然,它根本不可能有什么美感和价值;但如果我们以积极的心态对待它,给它一些希望和力量,纸片就会起死回生。一张纸片是这样,一个人也一样。”

一张纸片可以变成废纸扔在地上,被我们踩来踩去,也可以作画写字,更可以折成纸飞机,飞得很高很高,让我们仰望。一张纸片尚且有多种命运,更何况人呢?命运如同掌纹,弯弯曲曲,然而无论它怎样变化,永远都掌握在自己的手中。

一位伟大的哲人说:“人生就是一连串的抉择，每个人的前途与命运,完全把握在自己手中,只要努力,终会有成。”

8.只有握着“罗盘”的选择,才能决定你的成功和发展

怎样去规划自己的人生,是一个人志向大小的体现。一个志在往上攀登的人,他的心也会永远向上;而甘心成为别人垫脚石的人,永远都不会有太大的出息。

即使是最弱小的生命,一旦把全部精力集中到一个目标上也会有所

成就;而最强大的生命如果把精力分散开来,最终也会一事无成。

你可以长时间卖力工作,创意十足、聪明睿智、才华横溢、屡有洞见,甚至好运连连——可是,如果你无法在创造过程中给自己正确定位,不知道自己的方向是什么,一切都是徒劳无功。

所以,你给自己定位什么,你就是什么,定位能改变人生。

一个乞丐站在路旁卖橘子,一名商人路过,向乞丐面前的纸盒里投入几枚硬币后,就匆匆忙忙地走了。

过了一会儿,商人回来取橘子,说:"对不起,我忘了拿橘子,因为你我毕竟都是商人。"

几年后,这位商人参加一个酒会,遇见了一位衣冠楚楚的先生向他敬酒致谢,并告知说他就是当初卖橘子的乞丐。而他生活的改变,完全得益于商人的那句话:你我都是商人。

这个故事告诉人们:你定位于乞丐,你就是乞丐;你定位于商人,你就是商人。

定位决定人生,定位改变人生。

汽车大王福特从小就在头脑中构想能够在路上行走的机器,用来代替牲口和人力,而全家人却要他在农场做助手,但福特坚信自己可以成为一名机械师。于是,他用一年的时间完成别人要3年才能完成的机械师培训,随后,他又花两年多时间研究蒸汽原理,试图实现他的梦想,但没有成功。之后,他又投入到汽油机的研究上,每天都梦想制造一部汽车。他的创意被发明家爱迪生所赏识,于是被邀请到底特律公司担任工程师。经过十多年努力,他成功地制造出了第一部汽车引擎。福特的成功,完全归功于他正确的定位和不懈的努力。

迈克尔在从商以前,曾是一家酒店的服务生,替客人搬行李、擦车。

有一天，一辆豪华的劳斯莱斯轿车停在酒店门口，车主吩咐道："把车洗洗。"迈克尔那时刚刚中学毕业，从未见过这么漂亮的车子，不免有几分惊喜。他边洗边欣赏这辆车，擦完后，忍不住拉开车门，想上去享受一番。这时，正巧领班走了出来，"你在干什么？"领班训斥道，"你不知道自己的身份和地位吗？你这种人一辈子也不配坐劳斯莱斯！"

受辱的迈克尔从此发誓："这辈子，我不但要坐上劳斯莱斯，还要拥有自己的劳斯莱斯！"这成了他人生的奋斗目标。许多年以后，他事业有成，果然买了一部劳斯莱斯轿车。如果迈克尔也像领班一样认定自己的命运，那么，也许今天他还在替人擦车、搬行李，最多做一个领班。目标对一个人一生是何等重要啊！

在现实中，总有这样一些人：他们或因受宿命论的影响，凡事听天由命；或因性格懦弱，习惯依赖他人；或因责任心太差，不敢承担责任；或因惰性太强，好逸恶劳；或因缺乏理想，混日为生……总之，他们给自己定位低调，遇事逃避，不敢为人之先，不敢转变思路，而被一种消极心态所支配，甚至走向极端。

无论你怎样看待成功，都必须要有自己的独特定位。千万不要选错了人生的坐标，你定位什么，你的人生就是什么。

一个人若能正确定位，就能掌握人生的罗盘。人生的任何努力都会有结果，但不一定有良好的结果。错误的选择往往会使辛勤的努力付诸东流，甚至使人生招致灭顶之灾；只有握着罗盘的选择，才能决定你的成功和发展！

推荐阅读：

名人如何选择成功——姜文

姜文跟唐山有着密不可分的关系，他1963年1月在唐山姥姥家出生，童年也是在姥姥家里度过的。姜文的家境十分普通，父亲是名参加过抗美援朝的军人，母亲则是一名小学音乐教师。姜文小时候经历过不少动荡，他曾经随着姥姥家辗转到过贵州、湖南等地方。直到姜文10岁那年，全家才迁到北京定居。小时候四处迁移的生活让姜文印象深刻，同时也大大丰富了他的社会阅历。

不同寻常的梦想之路

姜文小的时候并没有表现出极大的天分，他是个很普通的孩子。他小时候并没有多么宏大的梦想，他曾经跟着自己的父亲去过贵州，他们那里的家很大，因为它是个仓库，仓库前有个篮球场，门口就是云南到北京的火车道。在这个篮球场上，每个礼拜会放两场电影，这便是姜文的娱乐生活。

姜文躺在床上就能够看到电影，因为放映员在倒片子时，影像就在他家墙上倒着，姜文觉得很神秘。姜文家没有太多的灯，所以有些角落很黑暗。他经常奇思妙想，曾经找一些硬纸壳，拿手电筒照着做一些简易幻灯片。

姜文上中学的时候认识了英达，两人成了好朋友。在交往中，他逐渐受到了英达的父亲英若诚的影响，由此对表演产生了兴趣。

中学毕业之后，姜文带着对表演的极大兴趣报考了北京电影学院，但是第一年，他因为成绩不好，没有被录取。姜文并不放弃，他继续复读。第二年，他又报考了中央戏剧学院，最终被一位叫张仁里的老师慧眼赏识破格录取。姜文当时在班里是年纪最小的一个，但同时也是成绩最好的一个。

借《变色龙》迈进艺坛

姜文当时能被中央戏剧学院录取,可是费了一番功夫。他来报名的时候看上去并不帅气,更说不上英俊夺目,人看上去很瘦,比实际年纪要大,尽管当时他还不到18岁。如果按照当时表演专业一般的招生情况,恐怕姜文连初试都难以过关,但是,他在考试时朗诵了一段契诃夫短篇小说《变色龙》的片断,一下子引起了评委们的注意。

其实,在历届的招生考试中,很少有学生敢念契诃夫的小说片段,这是因为契诃夫的作品不容易弄明白,平平淡淡的没有什么情节、悬念支撑,其中又有一种含蓄的、深邃的契诃夫独有的幽默感。所以,这需要考生有一定的天分,没有一定的文化修养以及对契诃夫作品的独到理解、内在的幽默气质,这种风格是很难把握准确的。但是,姜文的这一尝试却让他就此脱颖而出。

姜文身上天生有种魄力,这种魄力让他"明知山有虎,偏向虎山行"。他的朗读也非常别出心裁,他并没有刻意用太多的修饰,没有人们常听到的那种激昂慷慨,更没有那种不顾内容需要、拿捏得非常匠气的抑扬顿挫,而是平平常常、自自然然,透出一种淡淡的讥讽和嘲笑式的幽默,正符合契诃夫的味道。这一下就让招生的张仁里老师记住了这个特别的学生。

尽管姜文当时的自身条件并不特别出众,但是他的表现却令所有的老师折服,他的朗诵和表演所折射出的"自然天成"的幽默感,令老师们心悦诚服。最后,姜文顺利地登上了录取者名单。就这样,姜文踏上了他艺坛的第一步。

思想独特,敢走不同寻常之路

姜文考上中央戏剧学院表演系时,年纪尚不足18岁,他看起来貌不惊人,一点都不具备人们眼中高大帅气的"演员"形象。姜文所在的班级班风很严,课程也很多,有种让人喘不过气来的感觉。即便到了星期天也不得闲，白天要去观察生活，晚上7点之前必须回学校，回去就要排练，因为星期一要演。

到了暑假，姜文也少了很多玩的时间，因为老师会将一批任务布置下去，到了开学要检查。那段求学经历对姜文来说受益匪浅。姜文在上学期间是一个思想很特别的学生，他有自己独立的想法，经常提一些别人想不到的问题。

姜文曾经和同学们演过《阴谋与爱情》里的宰相。以前别人演这个角色，都是塑造一种毕恭毕敬的形象，但是放在姜文这里不行了。姜文老觉着演得别扭，因为他的毕恭毕敬不是从心里发出来的。演完之后，老师找到姜文聊天，问姜文为何要这样塑造角色，姜文说："那可是一个宰相，什么机密的事情都让他去办，所以我觉得不应该表现得那么卑微。走的时候不用退着出去，打个招呼一鞠躬就出去了。"姜文的这种见解让老师很是欣赏，这也进一步促进了姜文创造力的发挥。

姜文被分配到中国青年艺术剧院的时候只有21岁。他刚毕业不到一年的时间，就被一个导演看中，在影片《末代皇后》中出演溥仪，这可以说是一个很难得的机会。为了能够塑造好这个角色，姜文全身心地投入：他找了所有关于溥仪的资料，看了所有关于溥仪的纪录片，他甚至专门去找溥仪身边仍旧在世的清朝末代奴才了解情况。除此之外，姜文每天晚上躺在床上都跟自己的弟弟谈溥仪。

最终，姜文所塑造的角色得到了人们很高的评价，他将一个可恨可悲、可笑可怜的"末代皇帝"形象塑造得活灵活现。这也是姜文踏上艺坛的重要一步。自此，他又接到了几部大戏，和很多中国最优秀的女演员合作。

姜文所获得的机会，都是经过自己的努力得来的。倘若他不精心为每一个角色准备，自然会被淘汰。从演员到导演，姜文用心经营着自己所走的每一步，他不断地挑战自我，不断地为自己创造新的内容。他敢于挑战别人所不敢走的路，正是因为他内心的气魄，正是因为他的敢为人先，才成就了今天在演艺界绽放耀眼光芒的姜文！

第二章

磨刀不误砍柴功
——学会职业能力的选择

在我们进行职业的选择时，首先要考虑的是，我选择的这份工作是否适合自己的性格？是否利于长远的发展？自己是否有能力胜任？千万不要一味地选择眼前热门的、赚钱的职业，要把自己的视野放得长远些。

1.与其先投出简历，不如先定位自己

见首不见尾的应聘队伍、场内飞撒的求职简历、应届生焦急彷徨的眼神，这些构成了当今一幅幅生动鲜活的就业市场画面。

造成就业难的原因很多，比如热门专业毕业生过多，导致需求结构性缺口；用人单位设置门槛过高，毕业生难以逾越等。但是不是也需要从求职者自己身上找找原因呢？有些大学生自恃是“天之骄子”，求职时眼睛紧盯着体面、薪酬高的行业，缺乏对自身综合素质的正确认识。用人单位需要大学生，但不需要那些报酬要求高、自身能力低、做事不踏实、对工作缺乏激情、喜欢以自我为中心的大学生。

在主动求职前,必须先分析自己的兴趣特长、性格气质、能力水平等,了解自己的价值观、就业倾向、就业态度,分析自己的求职技能和技巧,从内心寻找自己想干什么、能干什么,客观分析自己的竞争力如何,要做到自己与自己竞争,而不是一味地与他人攀比。在用人单位眼里,现在的求职者往往高不成低不就,他们认为现在的求职者没有以前那么肯吃苦,专业知识又不能马上运用到工作岗位上来。这样的成见固然跟用人单位对求职者的具体情况不完全了解有一定的关系,但是很大一部分原因和求职者没有及时正确地审视自己有关。

自我评估的目的,是认识自己、了解自己。因为只有认识了自己,才能对自己的职业做出正确的选择,才能选定适合自己发展的职业生涯路线。自我评估包括自己的兴趣、特长、性格、学识、技能、智商、情商、思维方式、思维方法、道德水准以及社会中的自我定位等。

目前,人才的供需双方都存在一定程度的定位不准确:用人单位考虑的是"杀鸡就用宰牛刀,能背150斤的人背100斤肯定健步如飞",于是大材小用现象时有发生;求职人员,特别是应届毕业生有好高骛远的心理,复杂的做不来,基础的又不屑于做,于是高不成低不就地感叹世态炎凉,长此以往,必将影响个人职业生涯的正常发展。

因此,正确认识自我,认识社会职位要求,找准自己就业的社会定位尤为重要。

(1)你是找工作,不是发传单。

现在青年朋友们在找工作时,总是抱怨仅简历就需要花费大量的金钱,而且大多石沉大海。

要知道,找工作不是谈恋爱,有了感情就爱,没了感觉就走开。找工作更像是一场肩负责任的婚姻,盲目地把媚眼抛向自己并不熟悉的岗位,是对自己极其不负责任的做法。

如果你只是想找个工作,或许可以把自己的简历像发传单一样发给每个招聘的单位;如果是想找到好的工作,那么建议你最好是有选择地投出简历,这样省钱也省精力,而且也容易以好的精神面貌出现在主考官面前。

(2)你是去上班,不是去聚会。

去面试时,你的仪表很重要。长得怎么样不是你所能决定的,但怎么装扮自己,主动权完全在你手上。去大公司面试,化点淡妆是有必要的。

在面试时,有些女孩子打扮得很漂亮,只是那种漂亮过了头,难免给人轻浮的感觉;也有人化着浓妆,说话装腔作势,本来可以好好回答的问题,非要装着淑女样,给你来句“嗯”“啊”“这个嘛”。这些在面试时都是比较忌讳的。

上班族的服饰,不被人关注就是最大的亮点。得体是对一个公司职员起码的要求。

(3)不要模棱两可,要学会婉转。

有些刚出来找工作的毕业生总是会听人说道,人力资源部门的经理都比较无聊,总问些根本就是废话的问题。这是一个很不正确的认识。没有哪家正规单位会有闲工夫和你拉家常，他们所问的问题都是有目的的。

对方问问题时,你最好如实回答。当对方问到不是你的强项时,不要掩饰自己的缺点,而应机灵婉转地把自己的优点表现出来。

(4)学会用价格评估自己。

工作首先是为了生存,只有在生存的基础上才可以谈发展。当对方问你理想月薪时,千万别说够吃够喝够租房就行,这样的概念实在是很笼统,也不要头脑发热说个过高的数。你可以说出自己的真实想法,如果你想月薪在3000元左右,那么你不妨说2500元到3500元之间,让彼此都有一个选择的空间。

全面评价自己,不断充实自己也很重要。通过人才市场提供的人才需求信息可以看出:越来越多的用人单位特别是企业,对坐办公室搞管理的人才需求越来越少，而大量需要的是能将设计稿变为优质产品的业务精、技术硬的技师,有些地方甚至出现了找一个技师比找一个研究生还难的现象。所以一些本科生认识到这种情况后,就来了个“急转弯”、“快调头”,到职业技术类院校“回炉”,把自己掌握的专业技术理论通过生产实践变成真正的实用技能,结果,他们真的成了被一些企业用人单位争抢的“宝贝”。这说明,只要求职者能主动适应市场及用人单位的需求,就有可能变失业为就业。

总之,在就业形势日益严峻的今天,在投出你的简历之前,年轻的求职者们要正确地认识自我。认识社会职位要求,找准适合自己的职位,这样求职才容易成功。

2.先磨刀还是先砍柴——选择就业,还是选择继续深造?

想要找到理想的工作,首先自己必须达到一定的水平。这个时候,“先磨刀,还是先砍柴”这个命题就摆在了我们面前。是的,是先就业呢,还是选择继续深造呢?

打开网页或翻开报纸,满眼都是各企业和用人单位的招聘广告,但网页的右侧或报纸的夹缝里隐约能看到高校毕业生就业难的恐慌。有些父母把希望都寄托在儿女身上,觉得现在的本科毕业生简直是烂大街了,于是多方省俭,甚至贷款,使儿女继续深造。他们认为只要硕士或博士文凭一到手,工作就有把握了。然而,就目前的社会形势来看,这样的希望到底会不会实现呢?

大部分学生在毕业后,对于深造和就业的问题往往会走这样的连环套:大学毕业了,因为无业可就,姑且深造吧,所以今日之深造即为他日之就业着想,然而,今日拿钱出去深造或可易如反掌,他日就业而拿钱回来竟如登天般难,于是大学毕业以后就真正成了无业游民或者长期处于失业状态。所谓深造者,其实也带有就业的意味,差不多50%或以上的深造者是包含了就业的意味的，所以本科生的深造或就业的问题就变成了同一个问题：谋生。由此，问题的核心即只是个生计问题。

然而，青年人的求知欲是强烈的，幻想是丰富的，强烈的求知欲和美妙的幻想一层层交错包裹着，使他们在面对深造和就业时不知如何取舍。

应届毕业生求职，表面上看是就业的问题，而实际上是择业的问题。择业就是要做选择，选择适合自己的职业发展方向，集中目标，强化发展，通过若干年的工作，实现从无工作经历者到行业人才的提升。同理，应届毕业生选择继续深造，也要以职业发展为目标，选择合适的深造途径，在学历资质上提高自己的含金量，为职场前途做好准备！

前几年，受金融危机影响，一些企业批量裁员，或用停职、降薪来降低无效消耗。如此一来，空缺岗位大幅减少，岗位层次和门槛也大大提高了。而刚毕业的大学生因缺乏相关的实践经验和社会经验，难以满足企业对人才的需求，其就业难度会更大。

据有关调查统计，应届大学毕业生的求职时间在超过10个月仍无结果时，有78%将会进一步降低就业要求，同时扩大求职范围。这一选择将会使大学生就业定位缺失，无法客观地、有针对性地根据自身能力和条件就业，甚至失去信心，丧失就业方向。

由于就业难度增加和大学生普遍降低就业标准，不符合自身能力和条件的“勉强就业”现象也大大增加。因自身能力和兴趣爱好与在职岗位的不匹配，勉强就业的大学生很难在工作中提升必要的职业技能，并可能引发频繁跳槽，从而影响职业生涯的持续发展。

这是一个严重的社会问题。在社会一切不合理的状态尚未纠正以前，这个问题是无法解决的。当然，有志气、有魄力的学生也无需为这个问题整天哭丧着脸，目前社会上的有些成功人士也是没念过大学的，知识并不一定在学校才能学到，社会也是个大课堂。

有志气的学生绝不会读了几年大学就会把自己看成一个知识分子，

那件长长的黑色学士袍是可以脱掉的，但脱掉之后，他也不会忘了自修。对于这样的毕业生，深造和就业都不成问题。

无论是先就业，还是继续深造，最终的目的都应该是有更好的职业发展前景。到底是继续深造更有利于将来职场发展，还是先就业更有利于职业发展，应该是每一个面临类似情况的人都应仔细考虑的问题。

3.弄清楚自己的弱点，选择避开它

成就卓越者的成功得益于他们充分了解自己的长处，根据自己的特长来进行定位或重新定位，永远保持特质，最后，他们得到了一片蓝天。

要想成功，必须学会选择；要学会选择，必须先了解自己，做自己的主人。要清楚自己想要什么，你的目标是什么，了解自己的优势和劣势，选择能发挥你优势、避免你劣势的"饭碗"。

美国社会专家研究显示，人的智商、天赋都是均衡的，或许你在某一方面有优势，但不一定在别的方面能够赢过别人，有优势的同时就会存在劣势。人非完人，不可能在每个领域都十分突出，有时候甚至缺陷十分明显。不同的人，心理素质、心理特点、智能结构等必然千差万别。有的多条理，善于分析；有的多灵气，富有幻想；有的擅巧计，能于谋略；有的富形象，善于表演。只要比较准确或大致对应地找到自己的成功目标或方向，你的机遇就会或早或晚、或近或远地存在于这个方向的轨迹上。

客观地认识自己，知道自己的长处，找到自己的发展方向，走一条适合自己的路，这对于你的成功有着事半功倍的效果。相反，如果你在一个不擅长的方面辛苦拼搏，成效可能不会很大，甚至会无功而返。

奥托·瓦拉赫是诺贝尔化学奖获得者，他的成才经历极富传奇色彩。

瓦拉赫读中学时，父母为他选择的是一条文学之路，不料一个学期下来，老师为他写下了这样的评语："瓦拉赫很用功，但过分拘泥，这样的人即使有高超的智慧，也绝不可能在文学上发挥出来。"父母亲尊重老师的意见，便让他改学油画。可瓦拉赫既不善于构图，又不会润色，对艺术的理解力也不强，成绩在班上倒数第一，学校的评语更是令人难以接受："你是绘画艺术方面的不可造就之才。"面对如此"笨拙"的学生，绝大部分老师认为他已成才无望，只有化学老师认为瓦拉赫做事一丝不苟，具备做好化学实验应有的品格，建议他试学化学。父母又接受了化学老师的建议。这下，瓦拉赫智慧的火花一下就被点着了，文学艺术的"不可造就之才"一下子变成了公认的化学方面的"前程远大的高材生"。

瓦拉赫的成功，说明了这样一个道理：人的智能发展是不均衡的，都有智能的优点和弱点，一旦找到自己的智能的最佳点，使智能潜力得到充分的发挥，便可取得惊人的成绩。这一现象被人们称为"瓦拉赫效应"。成功的诀窍在于经营自己的个性长处，经营长处能使自己的人生增值，否则必将使自己的人生贬值。

每个人都有自己的优势和劣势，如果抱着自己的劣势不放，就会荒废自己的优势。人生的成功，很大程度上取决于你在长项与短项上的抉择。在成功心理学看来，判断一个人是不是成功，最主要的是看他是否最大限度地发挥了自己的长项(或叫优势)。成功学家通过研究发现，人类有400多种优势，这些优势本身的数量并不重要，最重要的是你应该知道自己的优势是什么、劣势是什么，之后要做的就是放弃劣势，将你的生活工作和事业发展都建立在你的优势上，这样你才会成功。

每个人都具有特殊才能，应该在各方面都尽量灵活运用自己的这项特殊才能。但是，偏偏有很多人以为自己所具有的这项才能只是一些不登大雅之堂的“玩意儿”，根本不曾想过利用这项“小玩意儿”来提高身价。

德塞纳维尔是别人眼里一无是处的庸才，但他总觉自己有点与众不同的地方。有一天，他脑子里飘起一段曲调，他便将它大致哼了出来，并用录音机录了下来，请人写成乐谱，名为《阿德丽娜叙事曲》。阿德丽正是他的大女儿。曲子谱好后，他就在罗曼维尔市找了一个游艺场的钢琴演奏员为之录音。这个演奏员毫无名气，穷酸得很。德塞纳维尔给他取了个艺名，叫理查德·克莱德曼。这一弹奏在音乐界引起了轰动，唱片在全世界一下子卖了2600万张，德塞纳维尔轻而易举地发了财。他说：“我不会玩任何乐器，也不识乐谱，更不懂和声。不过我喜欢瞎哼哼，哼出些简单的大众爱听的调儿。”德塞纳维尔只作曲，不写歌，他的曲子已有数百首，并且流行全球。

一个人做自己擅长的事，是获取成功的一件法宝。每个人在年轻的时候都会立大志，但不是每个人都能当科学家、发明家。培养一技之长，一步一步去累积自己的个人资源，才是成大事的必由之路。

许多成就卓越的人士，他们的成功首先得益于他们充分了解自己的长处，根据自己的特长来进行定位或重新定位，最终找准了真正属于自己的行业。

如果你不了解这一点，没有把自己的所长利用起来，你所从事的行业需要的素质和才能正是你所缺乏的，那么，你将会自我埋没。

反之，如果你有自知之明，善于设计自己，从事你最擅长的工作，你就会获得成功。

4.勇敢地选择一些冷门的行业，它会给我们带来意想不到的成功

在泰国有个养鳄大王叫杨海泉，他出生于一个贫苦的华侨家庭。父亲杨水青早年前往泰国谋生，为人佣工，母亲做挑担小贩，养育九子三女，杨海泉排行第四。由于家境困难，他只断断续续上过一年小学，从10岁起就做童工，先后做过照相馆佣工、客栈的店小二、金铺的伙计，还做过小生意。他总结出了一条经营之道，即在激烈的竞争中必须独辟蹊径，大胆开创他人都不涉足的冷门生意，才有可能独占鳌头，立于不败之地。

可是，冷门在哪里呢？

一天，杨海泉遇到了一个以猎杀鳄鱼为生的旧相识，两人在一起谈鳄鱼谈出了兴趣。那人介绍道："鳄鱼的全身都是宝，捕杀鳄鱼的人都发了大财。但是现在鳄鱼越来越难捕了，就连小鳄鱼也在捕杀之列。"

杨海泉灵机一动，立即想到：如果这样滥猎滥捕，即使是一座金山也会被挖空的，何况是动物呢？如果把鳄鱼的幼仔饲养起来，就像养羊养猪那样，长大了再杀，不就可以"无穷无尽"了吗？

到了20世纪70年代初，杨海泉的"北榄鳄湖"已经是举世瞩目的最大规模的人工养鳄湖了，率先进入了专业化养鳄的行业。

1973年，国际保护鳄鱼大会在泰国曼谷举行，会场就是杨海泉的"北榄鳄湖"，这是对杨海泉事业的高度评价，是宣传杨海泉先进经验的绝好机会。

泰国人对杨海泉的成就大加赞颂，有一本杂志这样写道："杨海泉的事业成就充分表现出了泰国人民的伟大创造精神！"就是他这样一个穷人的孩子，几乎没有上过什么正规的学堂，现在居然走进了世界最权威

的鳄鱼专家的行列，创造了一个神奇的“鳄鱼王国”，成为了泰国的巨富，这简直就是一个神话。

杨海泉的可贵之处就在于不“满足”。他知道，要保持世界唯一最大的人工养鳄湖的美誉，还必须做出更大的努力，还必须不断前进……

从杨海泉的故事中可以发现成功的一个方法：走冷门，烧冷灶，大胆创新，勇于坚持，人弃我取，才能创造奇迹。

人争我弃，人弃我取，是一种特殊的战术战略，可用于军事上，亦可用于商战中。在心理学上，它叫创新思维、超前思维或逆向思维，这种思维能帮助人们改革创新，甚至可以创造奇迹。人们做生意都喜欢选择热门，但是真正能发财的没几个，有的甚至赔得血本无归，因为做这类行当竞争太激烈了；而选择做冷门生意成功概率就很高，因为从事此类生意的人很少，市场对手不是很多，竞争现象基本不用考虑，所以风险就小，成功概率就大。冷门看似冷其实不冷，要记住“物以稀为贵”这句话。

因此，在创业的过程中，我们可以运用一下自己的逆向思维，勇敢地选择一些冷门的行业，它会给我们带来一种新创意，更能获得他人意想不到的成功！

5.如何选择有前途的专业

选定科系差不多就是选定职业。现在，一般高中一年级甚至更早便开始分科训练，准备高中毕业后迎接高考。

你选择什么学科呢？以什么作根据来选择呢？现在的学生大多不免短见，“戴着近视眼镜”看自己的前途和未来，严重地倾向功利主义。他只看现在社会上时髦什么职业，什么职业容易赚钱，什么职业容易找到工作，便选与这种职业相关的学科，却不考虑自己的性情、兴趣、优势和能力。这于他的前途和未来极为不利,简直是对他的人生意义和价值的自我放弃。

萨特曾经说:"生命的意义要靠你去给予。人生价值不是别的,而是你所选择的那种意义。"

很多朋友,也许是由于太年轻,没有能力决定自己的前途,也许是因为没有什么特殊的爱好和突出的优势,在选择科目时不知所措,不知道该选择什么。此时,就要多与老师、同学、家长、长辈们交流意见,坦诚地、准确地向他们描述自己,让他们来出些主意。但你必须记住,所有别人的主意,仅供参考,最终的选择还需要自己做出——根据自己的客观实际,综合各人所见,谨慎而果断地做出合理的选择。

一个人,如果有强烈的自主能力、突出的爱好和兴趣,自信在某些学科有明显的优势存在,那在选择科目时最正确的策略便是:随着自己的兴趣走,爱什么就选择什么,哪方面有优势就选择哪方面。此时,别人的意见一律不要理睬,要力排众议,我行我素。

胡适考取官费留学后,他的哥哥为他出国送行时说:"我们的家早已破产中落,你出国要学些有用之学,帮助复兴家业,重整门楣。你去学开矿或造铁路吧,这些学科比较容易找到工作,千万不要学与此没有用的文学、哲学之类没饭吃的东西。"当时胡适回答哥哥:"好的。"开船后,胡适在船上想,自己对开矿没兴趣,对造铁路也不感兴趣,干脆采取一个折中的办法,学有用的农学吧,也许这将来对国家社会能有些贡献。胡适学了一年农学,虽然每门课成绩还不错,但他对这些没有兴趣,于是决定转系重新选课。这时他又犯难了,选课用什么做标准呢?听哥哥的话?看国家的需要?还是凭自己的爱好?最后,他还是根据自己的兴趣和性情所好,选择了文学和哲学。后来,胡适终于以文学和哲学成为著名大家。若当初他违心地听了哥哥的话,选择了当时容易找到工作的开矿和造铁路,也许胡适将终生默默无闻。

胡适认为，选择科系时只有两个标准，一个是“我”，一个是“社会”，看看社会需要什么，国家需要什么，中国现代需要什么。但这个标准——社会上三百六十行，行行都需要，现在可以说三千六百行，从诺贝尔得奖人到修理马桶的，社会都需要，所以社会的标准并不重要。因此，在拿定主意的时候，要依着自我的兴趣走——服从性之所近、力之所能。

胡适还打了一个比方：譬如一个有做诗天才的人，不进中文系学做诗，偏要去医学院学外科，那么，文学院便失去了一个一流的诗人，而医学界却添了一个三四流甚至五流的饭桶外科医生，这是国家的损失，也是他自己的损失。

伽利略的父亲是个著名数学家，他父亲叫他不要学数学这一行，说这行没饭吃，要他学医。可是伽利略对数学有浓厚的兴趣，最后还是选择了学数学。由于浓厚的兴趣与天才，他创造了新的天文学、新的物理学，终于成为了近代科学的开山大师。若伽利略从父之言学医，我们可能根本听不到伽利略这个伟大的名字，也许整个近代科学的进程都将缓慢几步。

当然，我们更加清楚，在人生的道路上有许多许多无可奈何，尤其在一个人口急剧增长升学就业机会十分艰难的环境里，在选择职业、报考专业时，一般人往往没有选择的自由而只能被选择。比如，大专学校计划招收的专业、各专业计划招收的学生数量有限，有的专业只定点招生，这一切都由不得你自己选择，而你在选择科目时，也无法不考虑这些非自己所能左右的因素。如果你所感兴趣的那门学科当年没有招生计划或者不在你所在的学校招生，这时你便处在无可奈何的境地，只能改变初衷，重新设计自己。

人的兴趣也常常会因实际处境的变化而发生变化，尤其作为青年学生。终生专一其志，始终不变初衷而又获得成功者(这当然是幸运的)，在当今瞬息万变的社会是少之又少。现在知识更新迅速,不断更新的世界在不时地向你招手。

著名植物学家蔡希陶,本酷爱文学,鲁迅称他发表的小说写得"有关东大汉的气派",他也希望自己能成为文学家。可是因为家里穷,读不起高中,写小说无法谋生,他被迫到北平静生生物调查所当练习生。此后不久,他就爱上了这一行,迷上了植物学,在大森林里干得愉快开心。最后,他成为了中国亚热带植物学研究的权威,享誉中外。

所以,在选择科目时,即使处在无可奈何的境地,你也大可不必丧气,也许一个更加吸引你的领域在等待着你去大显身手呢!

6.认识你的职业优势,构建你的职业模型

有一句很著名的话:"人,你要认识自己。"它一直在启示着人类、警示着人类。知己知彼,才能百战不殆。在当今这个工作繁复、关系复杂、竞争激烈、日异月新的社会当中,要想自己不被淘汰,首先要做到"知己",认识自己很重要。

(1)自信。

许多成功人士认为,人生的"第一桶金"是建立自信心。没有自信心的人总觉得这也做不好,那也做不好,这会在工作上造成很大的问题。

每个人都有自身的优缺点,缺点不容忽视,但要是只看见不好的一面,甚至让它覆盖了优秀的一面,就会成为人的绊脚石。奥里森·马登说:"如果分析一下那些卓越人物的性格, 就会发现他们都有一个共同特点:他们在开始做事之前,总是充分相信自己的能力,深信所从事的事业必能成功,因此他们在工作时就能付出全部精力,排除一切艰难险

阻，直到胜利。”

(2)找准适合自己的位置。

陈景润，数学天才，在世界上有一定的名气，但如此出类拔萃的数学家，在日常生活中却经常闹出笑话，显得很笨拙。如果他走的不是数学这条路，充其量不过是个平凡人。无独有偶，少年的爱迪生生活颠沛流离，他尝试过许多工作，不但毫无建树，而且工资微薄，难以糊口。一个偶然的机会，他发现了自己的特长——动手能力强，改装旧机器非常在行，从此，他走上了创造发明的道路。上帝创造人类，把人放在不同的地方，是因为全部挤在一起，什么也干不了。人有10个手指，每个手指都有其特殊功能，如果互换过来，操作就会不灵，用无名指和小指抓筷子能方便吗？

A君是位优秀的教师，学校重视，学生尊敬，他也认为自己适合教师工作。一个偶然机会，他遇到已下海多年的同学B君，后者现已赚得个盆满钵满。他觉得教师这份工作，饿不死，也撑不死，长此下去，做得再好又有什么用呢？B君读书没他多，脑筋也不见得比他好用，他能，为什么自己不能？于是，他停薪留职做生意去了。在商海中摸爬滚打好几年，不仅亏了老本，还欠了一屁股债，A君终于认识到教师做得好，不代表生意也能做好，只好“金盆洗手”，重操旧业。

是的，同一个人在一个岗位上处处碰壁，而在另一个岗位上却事事顺利，关键原因在于所在的位置是否适合自己。“人最怕入错行”大概讲的就是这个道理了。所谓人才，就是找准了自己的位置的人。

(3)工作热情。

要有充足的征服自然、挑战自我的激情。“没什么细节、小事不值得你去挥汗，也没什么大事大到尽了力还不能办到。”对工作敷衍马虎、得过且过，是难有成绩的，艰苦奋斗，尽力而行，不屈不挠，才能取得成功。

容易的事情为你积累经验，艰难的事情挑战你的能力。热情好比一把火，面对热情，哪怕是冰山也终有融化的一天。纵观各行各业的成功者，他们对自己所从事的工作都抱有极大的兴趣和热情。没有热情，何来干劲；没有干劲，又怎样攻克堡垒呢？

(4)“不可能”与“丢脸”。

现实中有许多“不可能”，但其中许多无不是自己设置的。人们总是容易被对挫折、失败的想象所吓住，并且害怕这种经历让自己蒙羞，似乎不去干就能保住自己男子汉大丈夫的颜面。其实不然，当你把“不可能”的圈子划得很大，“可能”的边界就会越来越小。

不敢挑战“不可能”，不敢面对挫折、失败，你的工作将会停步不前或滑坡倒退。如果将成功分解因式，它只是无数个失败的相加所发生的质变而已。失败是一个宝藏，它能让你更清楚地看到生活的艰辛、自我的缺陷，只有清楚地了解这些，你才会反省、思过、改进，你的工作才会精益求精。

D君就是这方面的一个好例子。D君想成为一名出色的电脑软件工程师，但他只有中专学历，而且对电脑的接触也不是太多。他去过许多家电脑公司应聘，都未能成功，但他不愿放弃，一方面努力进修电脑方面的知识，另一方面认真地总结面试失败的原因。皇天不负苦心人，他终于被一家十分有名的电脑公司破例录用了。他工作十分勤奋，积极开拓进取，后来还开发了好几个大受欢迎的软件程序，令人大为惊叹。可能与不可能在他的人生中转化了，如果当初的他总被“丢脸”的枷锁所束缚，哪还有什么“可能”可言呢？

(5)设计你的职业模型。

工作是人生的一个重要组成部分，我们大部分时间都在与工作打交道。可以想象，如果长期从事一份自己不喜欢、觉得没有前景却无法轻易跳出的职业，那将是多么可悲的一件事情。因此，从某种程度上说，设计你的职业模型，就是设计你的人生。

王志刚和赵高乐是大学同学，两人学的都是计算机专业。但是，两个人在同一家公司，却拿着截然不同的薪水。王志刚在毕业那年迫于生计，做了一家大型公司的网络管理员；而赵高乐则坚持自己的选择，虽然比王志刚多找了一个月工作，但是，总算找到了一份对口的工作——在一家新兴的研发公司做软件开发。如今，两人都跳槽进了同一家大型公司，所不同的是，赵高乐的薪水是王志刚的双倍；而且，赵高乐的薪水和职位都有很大的上升空间，而王志刚虽然现在薪水也不算低，但却已经达到了上限。眼看着自己跟同学的差距越来越大，王志刚懊恼极了。他现在正试着往软件开发行业转，但是软件开发是个吃青春饭的职业，毕业后3年，王志刚已经二十七八了，再从头开始，一来敌不过刚毕业的大学生，二来也担心自己心有余而力不足。

如果时光能倒退到3年前，王志刚一定会选择既与自己的专业对口，又有发展前景的软件开发行业。很多毕业生，其实都犯了王志刚这样的错误，他们迫于现实和就业的压力，在不得已的情况下找了一份能解决眼下的实际问题，却没有多大发展前景的工作。由于惯性或者其他原因，他们在这样一个岗位上一待就是几年。几年后，当发现昔日一起出来的同学已经远远超过了自己，后悔晚矣。

职业设计是人生选择的中心内容。尽管对于大多数二十几岁的人来说，前面的道路有点迷茫，职业的设计也不免有许多不确定的因素，但是，如果你希望成功，你就必须设计你的职业模型。

那么，我们该如何设计自己的职业模型呢？

充分了解自身的情况。

第一，我拥有什么？

把自己的专业、年龄、性别、性格、家庭情况、特长等一一列出来,看看自己拥有什么,而这些自己拥有的东西能否为自己的职业人生带来怎样的效果。

第二,我会做什么?

问问自己会做什么,这样才不至于在职场中犯“眼高手低”的毛病。

第三,我喜欢做什么?

看看自己有什么爱好,如果能将爱好和职业联系起来,那将会对你的职业人生有很大的帮助。

当你有几种职业可以选择的时候,你得分析一下市场需求。

一般来说,你得尽量选择“核心业务”。在上述的例子中,王志刚做的网络管理员只是一个辅助的行业,他的工作是为了方便别的同事更好地工作;而赵高乐的工作是IT行业的核心业务,因而有很大的发展前景。所谓核心业务,也就是能直接帮助公司创造收入的业务,比如在华为从事研发,在广告公司做文案等。从事核心业务不仅能让你收入更高、工作更稳定、更加受公司重视,最重要的是,在核心业务上做出业绩的员工往往会获得职位的快速提升。

其次是选择“可替代性小的业务”。从事可替代性小的业务,你的职位会更安全,你的薪水也会更高。这就是为什么前台秘书的工资永远不可能太高的原因。替代性小的业务,往往具有“三高”特点:一是智力含量高,如咨询师、游戏设计师、资产评估师等;二是科技含量高,如软件架构师、通信工程师职位等;三是经验价值高,如医生、律师、会计职位等。

第四,定下自己的长期目标和短期目标。

在面试时,不少人都会被问及这样一个问题:“你5年后的打算是什么?”问这么一个问题,招聘方是想看看你是一个有计划的人,还是一个滑到哪算到哪的人。一般来说,长期目标要尽可能的大,但必须通过一个又一个短期目标去实现。

第五，写下你的提升计划。

记录下自己需要掌握和学习的一些新技能，并按照时间的安排进行学习。

第六，寻求帮助。

当你确实无法确定自己的职业模型时，你可以寻求父母、老师、朋友或职业咨询顾问等外力来帮助自己。

7.对第一份工作的选择绝对不能马虎，它可能影响你的一生

虽然就业形势日趋严峻，但对第一份工作的选择绝对不能马虎。一个即将要踏上社会的毕业生就像一张白纸，质朴单纯；随着社会阅历的增长，这张"白纸"会被染上不同的色彩，而第一份工作的经历无疑为这些色彩定下了基调。

一份心理学调查显示："如果一个人对某份工作满意，他能发挥其全部才能的80%~90%，并且能长时间保持高效率而不疲倦；相反，如果他对工作不满意，则只能发挥全部才能的20%~30%，还容易产生厌倦。"可见，对第一份工作的主观评价，决定了你是否能将它做好，更关系到今后的职业发展。

企业的经营理念、行事原则会逐渐渗入到人的意识理念中，企业文化的熏陶作用也会日益增大。第一份工作不但影响毕业生的态度和行为，也会影响到他以后对待其他工作的心态。因此，第一份工作除了要考虑职位、薪酬等外在条件，还有更重要的，就是企业是否具有正确深远的发展理念。这些也许目前不能带来明显的利益，但是却深刻影响到人生的发展。

第一份工作的成败，还会影响到一个人的自信心。对于大多数毕业

生来说，怀着对发展前景的期待，往往会对第一份工作付出相当的心血；一旦发现这种努力并不能给自己带来更进一步的发展，工作热情便会大大下降，自信心也会因此受到打击。

所以，第一份工作的选择，必须注重是否能提升素质、加强能力的培养，是否有足够的学习机会为自己充电。成功未必赢在第一步，但第一步就赢往往更容易成功。无论第一份工作是你心仪的还是差强人意的，抑或是你特别心不甘情不愿的，你都得善待这份工作，因为，对于初入社会的你来说，第一份工作极有可能影响你的一生。

如果你的第一份工作恰好是你心仪已久的

著名主持人王小丫回顾自己的第一份工作时深有感触地说："找到第一份工作时，千万不要寄予过高的期望，但是要学会坚持。这么多年的工作经历，我的切身感受是，如果你拥有一份工作，真的很好；如果你拥有一份工作，而且还很喜欢，那你已经很幸运了；如果你拥有一份工作，它又能让你生存，而且又是你所喜欢的，那你已经很幸福了。"二十几岁的男人，在日趋严峻的就业环境下，找到一份工作尚且不容易，更何况是各方面都让自己理想的工作呢。如果你有幸进入了一家心仪的企业，你往往会满怀憧憬，表现欲强，工作热情高涨。在积极心态的推动下，你在工作中会化挑战为动力，较出色地完成任务。

这里要提醒的是：在一头扎入工作的同时，请放慢节奏，做好三项功课：

(1)熟悉公司内部的组织结构。

包括公司有哪些部门，各个部门的职能、运作方式如何，自己所在部门在公司中的功能和地位，所在部门内同事的头衔和级别，公司的晋升机制，等等。对公司整体框架有了概念，你就能初步明确自己在公司的发展前景，不至于只顾埋头工作而忽略了发展方向，能将被动地接受调动、工作委派和晋升变成主动争取和计划。

(2)了解公司在行业内的地位。

做完了第一项功课后,你就该将眼光放得更远,关注公司的战略发展,比如公司是否属于行业内的领跑者,是不是面临内忧外患、业绩正在下滑等。这样你就能知道公司在行业内有哪些发展机会,自己能和公司一起走多远,你的3~5年计划也就有了雏形。

(3)了解行业的发展状况。

你需要对行业进行宏观分析:该行业是朝阳产业,还是夕阳行业。这样你就能知道几年后自己积累的工作经验,对职业发展有什么帮助。如果转入相关行业,还需要补充哪些技能,或自己可对哪些领域进行研究、谋求发展。你可以在工作中不断关注行业评论,听取前辈们的观点,渐渐深化认识。

把三项功课做好了,工作起来就会有的放矢,更有计划性和目的性;否则,进入公司半年后还是懵懵懂懂,工作状态就会呈一条明显的"抛物线":从积极主动到热情消失,到满意度下滑,最后盲目跳槽。

如果第一份工作差强人意

大多数刚步入社会的人,虽然怀抱美好愿望,但最终还是迫于社会和生活的压力,进入一个比上不足比下有余的公司。因为心存不甘,所以在进入公司初期,看到的缺点往往比优点多,从而形成懈怠、消极的心态。在这样的心态作用下,新人容易将工作仅仅看成谋生的工具,因此更多地关注报酬、待遇,上班只做好分内事,不主动加班,工作缺乏成就感。工作一段时间后,如果薪酬没有达到期望值,或者人际关系出现困难,就会产生盲目跳槽的念头。对此,专家给出了两点建议:

(1)端正态度,积极学习。

麻雀虽小,五脏俱全,即使公司在规模、盈利和薪酬等各方面都不算最好,但是对如一张白纸的新人来说,有足够的东西可以学习是最宝贵的。工作技能、企业规章制度、企业管理、上岗培训的知识积累,以及对职场礼仪、办公室政治等职场潜规则的学习,都是职场生存的重要基础。

(2)关注职业机会。

做好本职工作、积累职场经验的同时,你还可以积极为下一份工作做准备。比如,了解心仪职业的职业定义和应该具备的职业技能、核心竞争力,利用空余时间提升自我。

如果第一份工作是在你心不甘情不愿的情况下接受的

现在,不少企业对大学毕业生望而却步,很大原因在于,不少毕业生频频跳动,给企业留下了不好的印象。理想和现实的落差,常常让职场新人在对待第一份工作时心情慵懒、得过且过,对工作敷衍了事,或者整天想着跳槽。其实,这样对待你的第一份工作,不但于事无补,反而会让你的境况越来越差。因此,你得改变你的态度。

首先,不要轻易决定第一份工作。新人的第一次职场体验是相当重要的,它会影响到今后的职业心态和职业规划。因此,若是为了在毕业前找到一份工作,或者迫于其他同学签约带来的压力而草率接受一份自己并不满意的工作,都是不正确的。

其次,调整心态,认识自我。首先应该剖析自身的缺点,而不是抱怨这份看似很差的工作。如果经过努力你仍然无法像其他同学那样找到满意的工作,说明你职业竞争力偏弱,在专业知识、团队合作和沟通能力等方面可能有所欠缺。因此,你关注的重点不应该是所在公司有多差、有多小,而是应该看到自己的弱点。还是那句话,麻雀虽小,五脏俱全,你需要从公司中学习的东西很多。请你从上班第一天开始,锻炼自己各方面的能力,取长补短,为下一份工作积极做好准备。

8.平台的选择:大公司还是小公司?

有一天,一位禅师为了启发他的徒弟,给了他的徒弟一块石头,叫他去蔬菜市场,并且试着卖掉它。这块石头很大,很好看,但师父说:“不要卖掉它，只是试着去卖。注意观察，多问一些人，然后告诉我在蔬菜市场它最多能卖多少钱。”这个徒弟去了。在菜市场，许多人看着石头想：它可以做很好的小摆件，我们的孩子可以玩，或者我们可以把这当作称菜用的秤砣。于是他们出了价，但只不过是几个小硬币。门徒回来后说：“它最多只能卖几个硬币。”

师父说：“现在你去黄金市场，问问那儿的人。记住，不要卖掉它，只问问价。”从黄金市场回来，这个徒弟高兴地说：“这些人太棒了，他们乐意出到1000元。”师父说：“现在你去珠宝商那儿，问问那儿的人但不要卖掉它。”徒弟又去了珠宝商那儿，他们竟然愿意出5万元。徒弟听从师父的指示，表示不愿意卖掉石头，想不到那些商人竟继续抬高价格，出到了10万元，但徒弟依旧坚持不卖。他们说：“我们出20万元、30万元，或者你要多少就多少，只要你卖！”徒弟觉得这些商人简直疯了，竟愿意花大笔的钱买一块毫不起眼的石头。

徒弟回到禅寺，师父拿回石头后对他说：“我之所以让你这样做，主要是想培养和锻炼你充分认识自我价值的能力和对事物的理解力。如果你生活在蔬菜市场，那么你只有那个市场的理解力，你就永远不会认识更高的价值。”

这个故事在许多成功学书籍里以不同的面目反复出现，但是，其目的只有一个，那就是告诫人们，你选择怎样的人生平台，将决定你拥有怎样的人生。

一个人要获得更大的发展，就要不断地为自己寻找更大、更高的平台。

于是，平台成了很多人自身“不作为”的借口：当他事业不成功的时候，他会归咎于“没有平台”；当他业绩不佳的时候，他会归咎于“平台不合适”。

你有没有更深层次地去思考这个故事呢？倘若禅师给门徒的只是一

块普通的石头,还会出现如此戏剧性的效果吗?因为禅师给门徒的是一块有着石头外表的黄金,所以在识货和不识货人的眼中,价值才会有如此大的差距。

换句话说,选平台之前,你得先认识自己。是金子,当然要寻找黄金市场;倘若你只是一块廉价的石头,就是被拿到最厉害的黄金鉴赏专家眼前,你依然是一块毫无价值可言的石头,还不如拿到建材市场去,或许还能发挥自己最大的作用。

所以,选择好的平台,不如选择合适的平台!

大公司,还是小公司?

绝大多数人都希望进入一家大公司,不到“走投无路”绝对不会考虑小公司,因为他们觉得大公司的培训体系非常完善,可以帮助一个外行新手迅速成长为老道的行家里手。

这个观点没有错,但并不完善,大公司和小公司其实各有各的优点。大公司提供更多培训,小公司提供更多实践,孰优孰劣,不能一概而论,而要因人而异、因时而异。

大公司能够学到规范的管理,如果你以后想成为职业经理人,为以后找工作多个好的背景,那就选择到大公司工作,因为大公司先进的管理体系和企业文化能帮助新进职场的人开阔视野,知道什么是最好的。还有一点也很重要,所谓“大树底下好乘凉”,大企业的工作背景往往是一块金字招牌,它可以使你以后找工作的道路平坦许多。

但在大公司也有缺点,如果你不去换岗位,那一般只能在一个工种上专研学习,其他方面很难接触到,因为大公司分工明细,这样就导致无法培养独立项目的解决能力或公司运营能力。而且,大企业里面人才济济,即使你非常聪明刻苦,也不可能一下子就出人头地。进了大公司,往往要“熬”上几年才可能有被提升的机会,而且要“熬”得有质量。

许多人执着于大公司, 固执地认为只有那些500强的大企业才能给予自己想要的未来。这些人有两种心态:一种是觉得自己很有能力,是条大鱼,所以应该在“大池子”里施展自己的才华;另一种是觉得自己不行,没有足够的能力,所以要以大公司的培训作为平台,锻炼自己的才能。对于前一种心态的职场新人,提醒大家两点:第一,大平台虽大,但属于你的空间是有限的,很难想象一个大公司会让刚毕业的“毛头小伙子”独当一面;第二,“大池子”虽大,上面的“游弋者”却也众多,如果你在大池子上“泳技平平”,你将会在那些真正善“游”的优秀同事的衬托下感受到巨大压力。对于有第二类心态的求职者,希望大家注意的是:最有效的培训是实践,最现实的培训是自我培训。

相较大公司而言,小公司分工不那么明确,容易将自己的才能展露在领导者面前。在小公司工作能学到全面的创业本领,为以后自己创业打下基础。小公司人员关系简单,更加人性化,可以得到全面的锻炼,如跟客户接触等,工资也不一定比大公司给得少。小公司发展空间较大,能够参与并见证公司的成长,工作起来有成就感,这是在大公司体验不到的。

综上所述,大公司和小公司,各有各的优势和劣势,何去何从还得根据自身状况而定。

选择大公司还是小公司,取决于你的性格如何。如果你是一个成熟、独立并爱边干边学的人,那么小公司也许更适合你;如果你是那种喜欢接触诸多方面并接受更多挑战的人,也可以选择小公司。在小公司中,由于主管期望每一个职员都竭尽其能,所以你能接触到如何运作一个企业的全过程。而这既是你与管理层人员接触的好机会,也是你成为他们中的一员,甚至获得更快晋升的机会。

如果你是一个喜欢接受挑战、竞争的人,那么在大公司里,你与同事之间的合作与竞争会使你在工作中得到全方位的锻炼;另外,在大公司工作,你会得到很多资源和正式培训的机会。如果你是一个喜欢在执行程序前先对其做出彻底了解的人,那大公司对你来说是一个十分良好的工作环境。相对于小公司而言,大公司能提供你更多的发展时间与空间。

无论是小公司还是大公司,做得好,都能发现一条通往成功的途径。而选择大公司还是小公司，最重要的原则是要看哪一个环境最适合自己的个性、处世风格、学习事物以及个人的发展。

国企、民企还是外企？

国企,在许多人眼里就是这样一个工作单位:茶,报纸,一些清闲慵懒、做事拖沓但背靠大树的人。但是我们同时必须看到,新型国企的魅力势不可挡,一汽集团、中国移动等这些大型国企每年都吸引了大量的优秀人才。能够在获得丰厚个人回报的同时为民族工业的崛起贡献力量,的确是一件值得自豪的事情。

民企,也就是私企,越来越成为富有创造力的年轻人的理想国。用友、新希望、金蝶、方太等一批民营企业的兴起与稳步发展让人们看到了民族企业走向世界的希望，也让许多职场新人找到了施展抱负的舞台。民营企业,在管理上比大型外企灵活得多,如果你真的是人才,就有可能在唯“业绩”独尊的民营企业获得火箭式的提升。

大型外企,往往薪资较高,培训比较完善,而且不拘一格地用人才,所以众多求职者趋之若骛。尽管大学生普遍把外企定为就业首选这个事实不可能不刺痛我们的民族自豪感，但不得不说，大型外企尤其是500强,的确非常适合“白纸一张”的应届毕业生。

企业的优秀与否,不在于它的性质是外企、国企还是民企,而在于它的实力、潜力和文化。

倘若你没有充分认识自己,你就无法弄清楚到底怎样的平台才是真正适合自己的。如果你不清楚这些,无论你选择什么样的平台,最终都难免会失望:大公司里层次分明,大家都各忙各的事情,似乎没有人真正愿意提携你这个新人;香港老板实在太苛刻,连自己报告里标点符号的错误也要挑出来;外国老板似乎很冷漠,连你的名字都叫不上来……

其实,真正的平台在于自己。如果你只是块石头,哪怕到黄金市场,你也依然改变不了作为一块石头的价值;而若你是块真正的黄金,哪怕你深藏地底，也有人千方百计地挖掘你、寻找你。再者，平台是可以一夕改变的，而在平台上“长袖善舞”的能力却不是一夕之功。如果你在一个小平台上潜心“做自己”，创造优于别人的业绩，你的老板很快就会把你放到一个更大的平台上！而且，竞争对手的公司也会向你伸出橄榄枝，以更大的平台为“诱饵”吸引你加盟。

不要过于迷信平台的作用。处在大平台时，不要心高气傲，以为前途一马平川；身处小平台时，也不要自怨自艾，感叹怀才不遇。选平台，不如做自己。做好了自己，大平台自然会为你铺就。

9.与其选择被挖掘，不如选择主动推销自己

学过新闻的人大概都知道新闻标题的重要——在这个眼球经济的时代，如果标题不能吸引受众的眼球，这条新闻就很有可能淹没于大量的信息当中；同样的道理，在这个时代，我们面临着更加残酷的竞争，如果你依然抱着“酒香不怕巷子深”的思维模式，那你这坛芳醇的“酒”极有可能香不出自家的小院。

因此，你得学会推销自己。只有善于推销自己，才有可能在短时期内找到合适的平台。

很多人常常感叹自己怀才不遇、生不逢时，但为何不从自己身上找原因呢？上一次面试，为何主考官没能看上你？是你才能不够，还是你未能很好地将才能展示给主考官？人生无处不推销，职场新人面临的最大的推销难题，莫过于在面试中推销自己。试想，面试官与你无情无故，之前也不认识你、了解你，他凭什么来认可你？他凭的就是你给他的“第一印象”，凭的就是你在面试中对自己的“推销”。

蒋彬和也青是大学时代的铁哥儿们，毕业后，他俩结伴来到沿海某

城市找工作,并同时接到了一家大企业的面试通知。在此之前,蒋彬无论是专业水平还是综合能力,都一直比也青优秀,但是,蒋彬有一个弱点,就是很不擅长将自己所拥有的优势及时地表达出来。而且,他自己也从未正视过这个问题,认为"是金子到哪里都会发光",企业需要真正的人才。因此,在面试的过程中,无论是自我介绍还是应对企业的问题,蒋彬总是寥寥数语——他认为自己所有的优势都写在简历上了,根本无需多言。再说能力,那么多的证书不就是最好的证明吗?而也青就不一样了,他对面试考官的任何一个问题都做了认真而详细的回答,结果,面试官将大部分时间都花在了与也青的交流上。这次面试的结果可想而知。

现代社会是一个推销的社会,我们无时无刻不在推销自己的思想、观点、产品、成就、服务、主张、感情等。按照西方推销学者的说法,这个世界是一个需要推销的世界,大家都是不同形式的推销员,每个人都要推销某种东西,不管你是否喜欢推销。

俗话说:"会哭的孩子有奶吃。"会推销自己的人才能拥有一个合适的舞台来施展自己的抱负。你或许有一个伟大的梦想,并为之制作了相应的计划,但是,这一切都有可能因没法推销自己、为自己赢得一方"出演"的舞台而导致"拔剑四顾心茫然"。你雄心勃勃地认为自己的才能足以进入500强,但现实是,你到处面试,却连一个名不见经传的小企业也不愿意接纳你。就如同蒋彬一样,认为自己的"真金白银"都写在了材料上,没有必要再讲出来。事实上,面试者们更愿意看到你在推销自己过程中的另一面,比如你的口才,你的激情,你的态度,你的逻辑思维能力,你的应对能力……

被称为"80后的企业教父"的高燃,就是靠推销自己而赢得创业的第一桶金的:最初,他曾经拿着电子商务的商业计划书在电梯"堵"过雅虎网站的创始人杨致远，无果；之后，他又找到了远东控股集团董事长蒋锡培，蒋锡培虽然也不看好他的这个项目，却感动于他的激情，因而个人拿出100万元来资助他创业。试想，如果高燃没有将自己身上的那股执着和激情很好地"推销"给蒋锡培，他又怎么能让对方在不看好他的项目的情况下为他掏腰包呢？

初入社会的我们能做的，就是不断地推销自己，不断地迎来更多人的赏识，不断地为自己的事业开拓更多的渠道。一定要认识到推销的重要性，只要能效法杰出人物的"推销"风格，并且培养"推销员"应具备的条件，使自己成为拥有思想、创意、信心、坚持、热情及特色的"推销员"，未来的世界必定是属于我们的。

推荐阅读：

名人如何选择成功——郎朗

郎朗，他被誉为"将改变世界的20名青年之一"，是受聘于世界顶级的柏林爱乐乐团和美国五大交响乐团的第一位中国钢琴家。人们总是习惯用"天才"来称赞他的才华，然而，在郎朗看似青云直上的辉煌背后，却有着常人所看不到的艰辛。对郎朗来说，天才，就是1%的灵感加上99%的汗水。

生来为了弹琴

郎朗出生在一个充满音乐气氛的家庭，小时候的他就对音乐有着天生的敏感性和浓厚的兴趣。他的父亲曾是部队里专业的二胡演员。而父亲为郎朗买来一架钢琴，是因为他听朋友说钢琴有助于发展孩子的智力，正是这架钢琴，伴随郎朗走上了音乐旅程。

刚买钢琴的时候，郎朗还很小，他觉得这只是一件很大的玩具，自己只有长大了才能玩。但是他很喜欢这件大玩具,因为它能发出美妙、奇特的声音。郎朗非常喜欢听从钢琴中流淌出的优美旋律,但是因为年幼,父亲还没有打算让他去学习钢琴。

那时,电视正在热播《西游记》。有一天,郎朗听到电视的主题曲,蒋大为演唱的《敢问路在何方》时,立即沉浸到了音乐中。歌唱完了,郎朗心里却仍旧奔放着优美的旋律,并不知不觉地在钢琴上弹了起来。说来奇怪,郎朗并没有学过音乐,歌曲他也只听了一遍,但是他却几乎把这首歌的大部分旋律都弹了出来,真是无师自通!郎朗的父母非常高兴,他们决定立刻送孩子去学习钢琴。

于是,刚刚3岁的郎朗被带到了音乐学校学习钢琴。4岁那年,爸爸带着他去拜教钢琴的教授为师,教授首先要求考一考郎朗的水平。郎朗一点都不怯场,爸爸将他抱起放在高大的钢琴凳上,他就镇定自若地弹了起来。

教授很惊讶,他没想到这么小的孩子竟能弹出这么动人的曲子,这个孩子一定有非凡的音乐天分!教授越听越感动,他不禁对郎朗的爸爸说:“这个孩子生来就是为了弹钢琴的!”就这样,郎朗被录取了。郎朗每次学习将近两个小时,但他并不觉得累,他非常喜欢。郎朗的爸爸越来越发现孩子有音乐天赋,他决定不论如何,都要栽培儿子。

挑战音乐,为了成为“世界著名钢琴家”

郎朗愿意在钢琴上苦下功夫,他每次都给自己定下很高的目标,班级里谁弹得比较好,他都会在心里默默记住,并且发誓要超越。在勤学苦练的同时,在超越他人的同时,郎朗的琴技提高了,把琴练好的信心也越来越足。

郎朗的父亲为了让孩子有更好的学习效果,从郎朗学琴的那天起,他就设计、安排了时间表,甚至把整个客厅都腾了出来,供郎朗练琴。

郎朗上小学的时候,有一次,班主任来家访,他发现郎朗家里的布局很奇怪:郎朗家的小屋里有一张小桌子,上面放着一台小电视机,外面套着一个电视机罩,罩上摆着一个花瓶,瓶里插着假花。如此看来,郎朗家的电视很少开。

除此之外,老师发现,郎朗家的床不大,最多只能睡两个人。但是,偌大的钢琴却放在宽敞的客厅里,全归郎朗一个人使用。如此说来,郎朗一家人就挤在一张床上睡觉。老师还发现一个特点,在钢琴上面还有一盏小灯,一问,老师才知道,原来,郎朗每天放学后,都会练习到很晚。老师想起郎朗曾在班级里公开说过:“我想成为世界著名的钢琴家!”如此看来,他为此付出了很大的努力。

在父母的支持下,郎朗很是勤奋,他渐渐养成了每天必弹钢琴的好习惯。于是,慢慢形成了这样一个规律:每天清晨,只要郎朗的琴声一响,邻居就知道该起床上班了,不然就要迟到了。

有一次,郎朗跟着父母去亲戚家里玩,晚饭过后是郎朗照例练琴的时间,但是他当时正和亲戚家的孩子玩得不亦乐乎。爸爸见状,就对郎朗说:“郎朗,别玩了,练琴的时间到了。”这时,亲戚为难地说:“可是,我们家没有琴啊!”郎朗想了想,对爸爸说:“没关系,我可以在地板上练习指法。”就这样,郎朗便在地板上敲了起来,父母见孩子如此勤奋,感觉很欣慰。

功夫不负有心人,郎朗在5岁那年,获得了沈阳市少儿钢琴比赛第一名。

为了让儿子有更好的发展,郎朗的父亲做出了一个惊人的决定:他决定辞掉工作,带着郎朗去北京,他要儿子去报考中央音乐学院。而当时的郎朗,只有6岁。

郎朗当时还很兴奋,他并未意识到,这次随同父亲的远行将会改变他一生的命运。父亲领着郎朗去找音乐老师,但是由于人生地不熟,找了很久都没有找到,郎朗只好去念普通小学。刚到北京的时候,郎朗因为口音问题,受到了同学们的嘲笑,但懂事的他没有告诉父亲,他不想给辛苦的父亲再增添烦恼。每当他受到欺负的时候,他就分外思念远在他乡的母亲。

虽然心情苦闷，但是郎朗并没有松懈练琴，甚至越是苦闷，郎朗练琴就越是刻苦。他用力敲着琴键，就像发泄着胸中的郁闷，弹着弹着，那些苦恼和郁闷就被美妙的琴声驱散了。郎朗和父亲住的地方十分简陋，屋子很小，只有几平方米，除了必备的一套音响设备和一台星海牌钢琴外，连电视机都没有。虽然日子辛苦，但是父亲和郎朗从来都没有放弃过梦想。后来，他们终于请到一位著名的钢琴教师，从此，郎朗每天上午到校学习文化课，下午就在老师的指导下练琴。

父亲要求十分严格，年幼的郎朗每天回家必须要准时练琴。有一次，郎朗因为参加合唱团排练回家晚了两个小时，还被父亲痛打了一顿。郎朗没有反抗，他第一次显示出了一个少年向命运挑战的刚毅。从此，郎朗练琴更加刻苦了，他每天几乎都要完成将近8个小时的练琴训练，连周围的邻居都说："从没见过这样能吃苦的孩子！"

靠着近乎魔鬼般的训练，郎朗一步一步踏上了世界音乐家的舞台。他的成功并非一朝一夕，他从小就知道通往天才的路没有坦途，他在幼时就选择了一条很多人未曾涉足的路。许多青年钢琴家一朝成名，成了耀眼的明星，然后就无声无息地从舞台上消失了，因为他们不懂得充实自己。但是郎朗却不同，他对此有着清醒的认识，成名后的他每天仍刻苦练琴，练习不同的乐谱。

郎朗说："在别人眼中，我年轻，也有天分，但我一定要不断地学习才能进步。"

第三章

机遇的选择
——等待机会还是制造机会

社会经济在不断发展变化，无数的机遇蕴含在其中。你随时都能遇到许多赚钱机会，就看你能不能去认识它、把握它了。

许多人在他们攀登顶峰的路途上往往会错过很重要的一步，因为他们没有把握住难得的机会——虽然机会就在他眼前。你应该及时把握机会，因为机会是不会第二次敲门的。

1.主动寻找“发光”的机遇

卡耐基有这样一段关于机会的话：

“不要以为机会是一个到家来的客人，它在你门前敲着门，等待你开门把它迎接进来；恰恰相反，机会是不可捉摸的，无影无形，无声无息，它有时潜伏在你的工作中，有时徘徊在无人的角落里，你如果不用苦干的精神努力去寻求、创造，也许永远都得不到她。”

机遇带有很大的隐蔽性与时效性。人人都能预见到的不能称为“机遇”,错过时间的也不是“机遇”。“机不可失,时不再来”,说的就是这个道理。

一个成功的百万富翁说:“看到机会并不会自动地转化为钞票,其中还必须有其他因素。简单地说,你必须能够看到它,然后,你必须相信你能抓住它。”

大的机遇不可能天天遇上,但小的机遇却常常出现在我们身边。这些机遇既没有太大的风险,又能为展示你的才能提供机会,所以千万不要错过这些看似小的机遇。因为,一个人再有才能,也还需要一个展示才华的舞台。“是金子总会发光”,这话固然不错,但是,如果你不去主动寻找“发光”的机遇,可能就会错过出人头地的时机,或许一生都将被埋没。上帝恩赐我们的机遇都是平等的,谁抓住了机遇,谁就有希望获得成功。

机遇不是很多,也不是很少,它总是同向或逆向地与我们擦肩而过,偶尔会在一瞬间闪烁一下。其实,我们每个人自出生,就已经拥有了最大的机遇,你自己就是你最好的机遇。只要点亮自己的灯,不管外面是不是有可以借助的灯光,我们都可以把自己照亮。

机会需要耐心坚持

机会是一种稍纵即逝的东西,而且机会的产生也并非易事,因此不可能每个人什么时候都有机会可抓。机会还没有来临时,最好的办法就是等待、等待、再等待,在等待中为机会的到来做好准备。耐心等待机会,你就能在意想不到中获得成功。

传说,有两个人偶然与酒仙邂逅,一起获得了神仙传授的酿酒之法:米要端阳那天饱满起来的,水要冰雪初融时的高山流泉,把二者调和了,注入深幽无人处千年紫砂土铸成的陶瓮,再用初夏第一张看见朝阳的新荷覆紧,密闭七七四十九天,直到鸡叫三遍后方可启封。

就像每一个传说里的英雄一样，他们历尽千辛万苦，找齐了所有的材料，把梦想一起调和密封，然后潜心等待那个时刻。这是多么漫长的等待啊！

第四十九天到了，两人整夜都不能寐，等着鸡鸣的声音。远远地，传来了第一声鸡鸣；过了很久，依稀响起了第二声；然而，该死的第三遍鸡鸣迟迟没有来。其中一个再也忍不住了，他打开了他的陶瓮，迫不及待地尝了一口：天哪！像醋一样酸。大错已经铸成，不可挽回，他失望地把它洒在地上。

而另外一个，虽然也按捺不住想要伸手，却还是咬着牙，坚持到了第三遍响亮的鸡鸣。舀出来一抿，大叫一声：多么甘甜清醇的酒啊！

只差那么一刻，"醋水"没有变成佳酿。许多富人，他们与穷人的区别往往不是机遇或是更聪明的头脑，只在于前者多坚持了一刻——有时是一年，有时是一天，有时，仅仅只是几分钟。

主动创造你的机会

机会是现成的吗？就像河塘里的鱼只等着你去捕捞？不，很多时候，你是看不到机会的，这里需要的是你的主动性。你要自己动手，创造机会，哪怕这种可能性只有万分之一。等待好机遇才做事的人，永远不会成功。

一位经济学专家站在讲台上，给自己的学生讲述自己的亲身经历：

"我刚到美国读书的时候，在大学里经常有讲座，每次都是请华尔街或跨国公司的高级人员讲演。每次开讲前，我周围的同学总是拿一张硬纸，中间对折一下，让它可以立着，然后用颜色很鲜艳的笔大大地写上自己的名字，再放在桌前。这样，讲演者需要听者回答问题时，他就可以直接看名字叫人。"

"我当时很不解，便问旁边的同学。他笑着告诉我，讲演的人都是一流的人物，当你的回答令他满意或吃惊时，很有可能就意味着他会给你提供很多机会。这是一个很简单的道理。事实也是如此，我的确看到我周围的几个同学，因为出色的见解，最终得以到一流的公司供职。”

确实，在人才辈出、竞争日趋激烈的时代，机会一般不会自动找到你，只有敢于表达自己、展示自己、主动为自己创造机会，幸运之神才有可能眷顾你。

举世著名的国际巨星席维斯·史泰龙，在尚未成名前是一个贫困潦倒的穷小子，当时他身上只有100美元，唯一的财产是一部老旧的金龟车，那是他睡觉的地方。

史泰龙心目中有个梦想——想要成为电影明星。好莱坞总共有500多家电影公司，史泰龙逐一拜访，却没有一家公司愿意录用他。面对500多次冷酷的拒绝，他毫不灰心，回过头来又从第一家开始，挨家挨户自我推荐。第二次拜访，500多家电影公司当中，总共有多少家拒绝了他呢？答案是500多家，仍然没有人肯录用他。

史泰龙坚持自己的信念，将1000次以上的拒绝当作是绝佳的经验，鼓舞自己又从第一家电影公司开始。这次，他不仅要争取自己的演出机会，同时还带了自己苦心撰写的剧本。可是第三次的拜访，好莱坞所有的公司还是拒绝了他。

史泰龙先后总共经历了1855次严酷的拒绝，以及无数的冷嘲热讽。天道酬勤，总算有一家公司愿意采用他的剧本，并聘请他担任自己剧本中的主角。就这样，一次机会奠定了他国际巨星的地位。

在日常生活中，有些人总希望有一个突然的机遇把自己送到天堂，眨眼之间变成富人。但事实上，只有一小部分机遇是靠侥幸得到的，更多的还是要靠自己的努力和实力去争取，主动去创造出来。机遇是珍贵而稀缺的,又是极易消逝的,你对它怠慢、冷落、漫不经心,它也不会向你伸出热情的手臂。主动出击的人,容易俘获机遇;守株待兔的人,常与机遇无缘,这是普遍的法则。你若比一般人更主动、更热情,机遇就会向你靠拢。

一家软件公司派两个女孩去参加一个电子产品展销会,临行前,两人用心准备了名片。展销会上,两人极力推销产品的同时,不停地发名片、收名片。结果,两人发出去的不少,收到的却不多,因为卖方太多而买方很挑剔,不愿主动发名片。

两人的不同在于,其中一个女孩获得了许多买方的姓名和电话。原来,她在给人发名片的同时,将自制的空白名片递上:"请您留下联系方式,好吗?"看到她诚恳的微笑,很少有人拒绝她的请求。

展销会结束后,一个女孩等待她发出的名片能够带来喜讯,可是她失望了;而另一个女孩按空白名片上的地址、电话主动出击,发展了很多客户。

2.选择急功近利还是深谋远虑?

哲学家告诉我们,世间的任何一件事情都有它的不二法门。不论什么时候,一切急功近利的思想与行为都是一种短视,都是非常有害的。财富也有它的不二法门,那就是一定要目光长远,而不要只盯着眼前的一点点利益,要学会朝着目标不停地努力,这是谋财的唯一选择,也是最好的选择。实现你人生的最大价值,让野心、理想和梦想变成伸手可及的现实,这才是人生最大的利益。

世上只有两种人,用一个简单的实验就可以把他们区分开来:面对同样的一袋土豆，一种人会首先留下一部分用于播种，而另一种人则不管三七二十一先把它吃掉。这就是深谋远虑和急功近利的差异。

不同的富人有着不同的奋斗历程，但在这奋斗的历程中，有一点是相通的，那就是他们在成功的路途上洒遍了汗水，经历了漫长等待的煎熬。有很多穷人，觉得这样太辛苦，也太慢，渴望拥有更快捷的方法，走一条笔直不阻的捷径，其结果往往走上一条路：急功近利。

以历史的眼光来看，绝大多数的富人，他们的巨大财富都是由小钱经过长期的时间逐步累积起来的。一个想致富的“野心家”，必须首先从心理上摒弃那种“一夜致富”的幼稚想法和观念。

耶稣带着他的门徒彼得远行，途中发现了一块破烂的马蹄铁，耶稣就让彼得把它拣起来，不料彼得假装没听见。耶稣没说什么，自己弯腰拾起马蹄铁放于袖中。途中，他用马蹄铁从铁匠那儿换了些钱，并用这些钱买了18颗樱桃。出了城，二人继续前进，经过的全是茫茫的荒野。耶稣猜彼得渴得够呛，就让藏于袖中的樱桃悄悄地掉出一颗，彼得一见，赶紧拣起来吃。耶稣边走边丢，彼得也就狼狈地弯了18次腰。耶稣见状笑着对他说：“要是你那会儿弯一次腰，就不会在后来没完没了地弯腰了。小事不干，将在更小的事上操劳。”

在彼得的眼里，只有眼前的小小利益，马蹄铁只是马蹄铁，所以他懒得弯腰去捡。一次弯腰的确有点累，但一次次地弯腰岂不是更累？因此，我们要记住耶稣的教导，不要贪图眼前的小利益而放弃长远的利益。

一个穷人向一个富人请教成功之道，富人却拿出了3块大小不等的西瓜放在穷人面前。

“如果每块西瓜代表一定大小的利益，你选择哪块？”富人问穷人。

“当然是最大的那块！”穷人毫不犹豫地回答。

“那好，请吧！”富人一笑，把最大的那块西瓜递给穷人，自己却吃起了最小的那块。很快，富人就吃完了，而穷人还差几口也要吃完了。

不等穷人吃完，富人已经拿起了桌上的最后一块西瓜，并且得意地在穷人面前晃了晃，大口大口地吃起来。

穷人马上就明白了富人的意思：富人吃的瓜虽无自己的瓜大，却比自己吃得多。如果每块代表一定的利益，那么富人占的利益自然比自己多。

吃完西瓜，富人抹抹嘴对穷人说：“要想成功，就要学会放弃，只有放弃眼前的利益，才能获得长远的大利，这就是我的成功之道。”

一些人之所以不能获得大利，就是因为他们总是选择眼前的利益而放弃长远利益，被眼前的利益所囚困，迷惑了双眼，削磨了斗志，沉溺在既得利益的温柔乡里，不思进取，丧失了谋财的锐气与闯劲，徘徊在原地，既没有创新，也不敢突破。

3.选择等待他人提拔还是慢慢成长？

在大森林里，生长着一种蘑菇，它们在艰难的条件下生活着。没有人关注它们，所有成长所需的水分、养分和养料都需要自己去努力争取。它们从森林层层的枯叶腐败形成的肥料中吸收养分，森林中降下的雨、残留在树叶上的水，成为它们成长中必须的甘泉。这些蘑菇就这样在无人注意的角落里长大，一点点变得肥嫩。

我们刚刚踏入社会，没什么经验，也没什么人脉，上面有看似纹丝不动的上司，下面还有野心勃勃的年轻人不断涌上来，不也像这些蘑菇一样吗？

或许，慢慢等待能等来提拔自己的那个人，但是，那是什么时候，一年之后还是十年之后？况且，等待他人的拯救远没有自救让人来得心安理得。

如果还在发芽阶段，那就不顾一切地吸收雨露、养分，像蘑菇一样慢慢积蓄力量，冲出枯枝败叶的包围，迎来属于自己的空间！

程宇航刚从一个小公司跳到一家大公司，他想：这下可好了，总算找到了一个可以施展自己才华和抱负的空间。但是，他很快发现，大公司与小公司的运作方式完全不一样。在这里，公司机构层次分明，一切都要从最细微的琐碎小事做起，人人都在忙自己的事情，没有人关注他，更没有人来帮助他。在以前的小公司，自己有什么想法或新鲜的创意，可以直接找老板商量；但是，在这里，一次次的会议，自己作为普通职员没有参加的机会，而那些衣帽鲜明的高层经理们只是动动嘴皮就能决定他们的去留。虽然满腹才华、胸怀宏愿，却得不到表现的机会，这样下去，何时才能熬出头啊？程宇航再也没有了刚进公司时的那份喜悦。

放假回家，程宇航和当教师的父亲外出散步，他想起自己在公司里的烦恼，又忍不住抱怨起来。父亲无言地听着儿子的抱怨，突然俯下身，从地上捡起一块石头，抛了出去，扔到附近的一堆石头上。这时，父亲问程宇航："你能把我刚才扔出去的石头捡回来吗？""那么多石头堆在一起，我怎么能分辨出哪块是你扔的啊！"程宇航皱了皱眉头说。"那，如果我扔的是一颗大珍珠呢？"父亲意味深长地问。程宇航恍然大悟。

如果你只是一块平淡无奇的石头，就没有权利抱怨不被注意，因为你没有被注意的价值。要想引起注意，拥有自己的立场和声音，你就要站起来去为自己争取。努力才能提升你的价值，成为珍珠才能引人注目。

不要从一开始就希望"伯乐"们从人群中识别并提拔你这匹"千里马"。看看你周围那些做到经理、主管层的人，他们中的哪个是刚进公司就平步青云的？很多时候，我们看到的只是成功者头上耀眼的光环，却忘记了他们身后洒下的一路汗水。这个世界，每个人都有自己的生活和追求，每个人都在忙着向更大的发展空间、更好的生活水准发起冲击，指望别人来发现和提拔自己是多么的不切实际。

你没有强大的金钱和权势后盾，也没有充分的人脉资源，有的，只是自己的青春、热血和才智。你得像深林里的蘑菇一样，在枯枝败叶中寻找养分，默默地吸收成长的力量。虽然在这个过程中，你可能要忍受寂寞、贫穷、苦难，甚至屈辱，但你得告诉自己，所有这一切只是因为你还没有具备让他人赏识你的价值。埋头苦干，然后才能得到自己想要的辉煌。

4.选择适应环境还是改变环境？

一只猫头鹰准备搬家到东方去。斑鸠问它："西方是你的老家，你为什么要搬到东方去呢？"猫头鹰回答说："因为我在西方实在住不下去了，这里的人都讨厌我夜间的叫声。"斑鸠劝道："你唱歌的声音实在难听，晚上更是影响人们的睡眠，所以大家都讨厌你。要是你改变声音或停止夜间歌唱，不是仍然可以在西方住下去吗？不然的话，即使搬到东方，那里的人也还是会讨厌你。"

故事虽属虚构，却给我们以深刻的启示：改变环境不如适应环境，而且适应环境远比改变环境要容易得多。

成功总是青睐那些认真工作、积极进取的人。如果成天一肚子牢骚委屈，自以为大材小用，不仅没有人同情，还可能会被环境所淘汰。

一个人要想有好的环境，必须先优化自己的"主观环境"，战胜自己的弱点和缺点。置身于不如意的环境中，不要无谓地埋怨，而要主动乐观地创造条件，赢得转机。

一般来说，职场中有两种人——改变环境的人和适应环境的人。大多数人都是适应环境的人，就像坚韧的仙人掌，在多么贫瘠的土地上都能够生存；但还有那么一些极少数的人，他们就像雨露一样，慢慢地渗透土地，化贫瘠为富饶。

有一个人总是落魄不得志，便有人建议他向智者寻求帮助。

智者沉思良久，默然舀起一瓢水，问："这水是什么形状？"这人摇头："水哪有什么形状？"智者不答，只是把水倒入杯子，这人恍然大悟："我知道了，水的形状像杯子。"智者摇头，轻轻端起杯子，把水倒入一个盛满沙土的盆，清清的水一下融入了沙土，不见了。

这个人陷入了沉默与思索。过了很久，他说："我知道了，社会处处像一个规则的容器，人应该像水一样，盛进什么容器就是什么形状。而且，人还极可能在容器中消逝，就像这水一样，消逝得迅速、突然，一切都无法改变！"

"是这样，"智者拈须，转而又说："又不是这样！"说毕，智者出门，这人随后。在屋檐下，智者用手指着青石板上的小窝说："一到雨天，雨水就会从屋檐上落下，看这个凹处就是水落下的结果。"

此人大悟："我明白了，人可能被装入规则的容器，但又可以像这小小的水滴，改变着这坚硬的青石板。"

智者说："对，这个窝会变成一个洞！"

就是说，生活之中会有各种各样的环境，要融入到环境中，但也要努力地展示自我，用自我的精神影响环境，就像石缝里生长的松柏，一丛苍翠，傲然挺立！

适应环境是人生来就有的潜能，人之所以为人，也是长期进化的结果。

一位哲学家搭乘一个渔夫的小船过河。行船之际,这位哲学家向渔夫问道:“你懂数学吗?”

渔夫回答:“不懂。”

哲学家又问:“你懂物理吗?”

渔夫回答:“不懂。”

哲学家再问:“你懂化学吗?”

渔夫回答:“不懂。”

哲学家叹道:“真遗憾!这样你就等于失去了一半的生命。”

这时水面上刮起了一阵狂风,把小船给掀翻了,渔夫和哲学家都掉进了水里。

渔夫向哲学家喊道:“先生,你会游泳吗?”

哲学家回答:“不会。”

渔夫非常遗憾地说:“那么你就失去了整个生命!”

这是一个伟人给他心爱的女儿所讲的一个故事,它寓含了一个非常深刻的人生哲理:一个缺乏基本的适应和生存能力的人,即使他学的东西再多,也无法生存下来。

人是自然与社会的统一体。婴儿出生时只是个自然的生物人,要转化成社会人,就必须经历社会化的过程。人的社会化即个体与社会不断调整适应的过程。

一个人要在社会中生存和发展,就必须使自己的思想观念、思维方式、知识能力以及生活方式、生活习惯等一切同社会环境相适应。一个人要在事业上有所作为,离不开职业岗位提供的条件,离不开领导的支持和周围人的帮助,而这一切的获取是以适应为前提条件的。

无论把你放在什么地方、什么岗位,你都必须尽快去适应环境、调节心情,把分内的工作尽职尽责地做到最好,才能证明你的能力!

实际工作中经常听到人抱怨，说自己不被领导赏识，明明自己有做领导的才能，却被压制着做了百姓；明明自己有能力做高难度的工作，却被放在了没有技术含量的岗位上；明明自己是把“牛刀”，却用去“杀鸡”；明明某某人不如自己，却升职比自己快……

于是，他们变得思想消极，整天抱怨，不好好工作，职责内的事情做得一踏糊涂，甚至到最后名声扫地，这是自己毁了自己，怨不得别人！你自己说自己有本事，那不算，你要干出成绩让大家看；你说你屈才了，可连本职工作都做不好，领导又怎能放心让你去做技术含量高的工作呢？一屋不扫，何以扫天下？

5.跳槽前，请多方论证放弃的理由

每当年关将近，就是喜欢跳槽的“跳蚤”们蠢蠢欲动的时候，一来该拿的年终奖已经进了荷包；二来做完了年终总结，可以重新思考工作的定位与个人的人生理想的矛盾；三来所在的公司也正是“吐故纳新”之际，也许会被人请开路，那还不如先下手为强。

可是在跳槽之前，你能不能回答这样一个问题——你能说出你放弃的理由吗？说得出，你不妨选择潇洒地离去；若说不出，那就证明你其实并没有做好离开的准备。

如果你想选择放弃，首先要有一个说服自己的理由。

下面的这几个小故事的主人公无疑是找到了说服自己的理由。

“追求自我价值的实现”

晓雯曾经是南方某城市一家知名报社的记者，她是一家著名大学的中文系硕士，可是在这家报社却只能当个“娱记”，这与她当初“铁肩担道义，妙手著文章”的理想显然差距甚远。于是，她放弃了这个收入很高的工作，毅然北上，去了某家电视台搞新闻焦点调查工作。该台的新闻焦点栏目中可谓高手如云，她一去就有些失望了，因为留给她的发展空间实在太少了。按她的推算，一年顶多能上6次节目，而作为一名白领女性，青春实在有限，于是，她又跳到了该台另外一个经济节目部，虽然这个节目没有什么重头戏，还要大江南北地跑新闻，可是自我成就感却很多。

对晓雯而言，报酬不是最重要的，她就是想在自我表现中获得那种成功的感觉。在中国上海人才市场举行的一次高级人才面试会上，每位面试人员都参与了个人问卷调查。其中一项关于跳槽原因的回答中，70%的人回答是为了寻找更好的个人发展空间。因此，面对别人异样的目光，想攀高枝的你，也就大可坦然了。

“用银子说话”

志强是一家著名网站的编辑，大概也是互联网的第一批拥护者。他原本是一所学校的教师，过着清贫的生活，业余时间也舞文弄墨挣点小钱糊口。后来眼瞅着一批海归派回国搞网站，大把烧钱，他也放弃了当一名公务员的志愿，离妻别子之后成为了弄潮儿。当然，在互联网红火的时候，钱也没有少挣，不过现在，各大门户网站都在风雨飘摇地苦撑着，每月5000元的收入也是朝不保夕，而且工作还十分辛苦，不分昼夜。现在他又想跳了，目标只有一个，那就是传统媒体，按他的话来讲，“媒体永远都是最后一个暴利领域。”

市场经济条件下，人才得到承认的最直接方式是人才的价格，即待遇。同时，人们日常生活的一切又是同待遇分不开的。当一个人的价值得不到体现时，自然就会出现“人往高处走”的情况。

“讨厌僵化的管理制度”

阿明是某国有企业研究所旗下的一名工程设计师，在南方一座小城市里过着衣食无忧的生活，每月近2000元的收入加上年终颇丰的奖金，足以让他过上“小康”生活了。然而，眼瞅着同学们纷纷去深圳、广州打工，他的心也有点儿动了，再加上单位僵化的管理体制，干多干少一个样，只讲究论资排辈，终于，他也加入了跳槽“E”族。

中国加入WTO之后，外资企业发展迅速，加上民营企业的强势崛起，国有企业只有加大企业现代管理制度改革，才可能留住更多的人才。

“落花有意，流水无情”

伟杰一直都很喜欢现在所从事的工作，作为一名销售人员，他尽心尽力地和客户搞好关系，想方设法提高自己的业绩，然而不知道是什么原因，无论他如何努力都比不上其他销售员。按照公司的末位淘汰制，他很有自知之明，肯定要被裁了，不过他很自信地认为，“此地不留爷，自有留爷处”，在公司还没有表态时，就先递了辞呈，避免了被炒的尴尬。

如果将跳槽比喻成一个运动项目，那么它是像跳高，还是像跳远呢？其实无论是跳高还是跳远，你都不知道你这一跳之后，是比过去好，还是比过去更差。虽然跳槽存在风险，但诱惑更是难以抗拒，于是跳槽成为了时尚。

一个人如果一生中都没有遇到职业的突变，他的人生就不会取得很大成功。那么，让我们时刻准备着跳槽。

当你的新工作已经有些眉目的时候，就应该考虑辞职了。其实辞职也是一门学问，不仅要选择恰当的时机，还需要用恰当的方式，可以选择跟老板面谈或者写信，当然，发电子邮件的方式也比较合适，避免了正面交锋,也给了彼此下台阶的机会。你可以在信中将辞职的原因解释清楚(当然要委婉一点),并提出要离开公司的日期,还要对老板和公司的帮助及得到的机会表示感谢。

另外,切记不能拿走公司的任何资料。

6.做全才,还是做专才?

两个中文系的同窗在毕业8年后不期而遇。一个已经是跨国公司的中国市场总监,年薪34万元;另一个还在出版社当编辑,编着不畅销的书,一个月五六千元。

然而,8年前的情形却迥然相异:编辑当时可是系里的头号才子,写得一手好诗,自编自导话剧,文章引经据典,逻辑缜密,论证充分,文采飞扬,常常令授课的教师刮目相看;相比之下,市场总监当年就要逊色得多,作文成绩在中和良之间徘徊。

"我是三流的知识分子,二流的市场创意人才,却是一流的打工仔。"这是市场总监对自己的评价。这话套在出版社编辑身上,就成了"一流的知识分子,二流的书刊编辑,三流的打工仔"。

75分的文字技术+75分的沟通技能+75分的人际关系+75分的管理技巧+75分的创意才能,使得各项指标平平的中文系毕业生身居高位;相反,100分的文字技术专才在职场上往往并不如想象的那样优秀。

很多才高八斗、心高气傲的人有这样的牢骚:为什么一个文理不通的人可以做他的上司?自命为知识分子的人甚至还为这样的职场全才取了一个名字——"知道分子",用这个标签把这些"伪知识分子"们剔除出来。

可惜,对于现代公司来说,一个不认得生僻字却能事无巨细都做得让大家认可的人，比满腹经纶却不善于做琐碎小事的人更受欢迎。

诗写得再好，学问再大，公司不愿意为此埋单，你又能怎样呢？

想明白的人，就不会再失衡，不管是三流的诗人还是三流的打工仔。

有位研究外域佛经文学的博士生在想通了之后，毅然从外资公司市场部辞了职，回学校当教师去了。从此告别万元以上的月薪，但再也不用天天写无聊的PPT文件了，和学生们聊佛经中的生与死、空与色，其乐无穷。钱是少了点，但他有大把时间陶醉在自己的世界里，也可以为专业刊物撰写论文，哪天成为学术大家也说不定。

一位校园里的三流诗人也为自己找到了出路。“我的诗虽然平庸了点，但我善于演讲，会推销自己，性格外向，英文也还不错。”他迄今已出版了3本小说、一本诗集，卖得都不错，成绩比当年他们班最佳的才子还好。

想不通的人，一定还陷在痛苦中。比如那位出版社的才子编辑，8年来，工作以外的时间全部用来感叹自己的怀才不遇，这样沉痛的“追悼仪式”于事无补。

人应注重全才还是注重专才不可一概而论，持肯定或者否定观点都是错误的。

所谓的全才或者专才，跟人所在的行业、身在的地位、所处的环境有一定的关系，不可能离开先决条件高谈阔论。如果你是一个研究员，那当然要有专才，对你研究的专业应该精益求精，并且要有突破，取得新的研究成果；如果你是一个企业的老总，那肯定要有全才，你不但要了解企业主要生产专业的知识，还要了解财务、经济等方面的内容，但不要求出成果，只要能灵活运用即可；如果你是一名部门的经理，那就很难界定了，要看领导欣赏什么样的下属，你可以是专才，也可以是全才；至于政府部门一般都要求是全才，不但要有一定的专业知识，还必须了解与自己相关的其他知识,而且要会处理好各种关系;科研单位一般都需要专才,领导也是一样,这样才可以带动大家。具体来说,可以从以下三个方面考虑。

第一,要结合你本人的工作环境、工作特长。假如你是一个在综合部门工作的人,而且以后也有望走上领导岗位,建议你要注重全面发展,方方面面的知识都得懂一点;假如你是一位科研工作者,或者是在一个比较固定的岗位上工作,而且横向发展概率不大,建议还是在专业上好好攻一下。例如,你从事财务、法律这样一些比较专业的工作,还是专一点好。当然,如果你认为除了当律师外,你还有政治家的天赋,那你就要重新规划一下了。虽然能力不是天生的,但是环境、岗位对一个人的能力、性格很有影响。如果你在一个小单位,视野很小,想一下子跳到省发改委或省委办公厅,那是不可能的。

第二,要结合你的性格特点及爱好。假如你是一个喜欢钻研某一问题并乐此不疲的人,那还是专点好;若你的思维很发散,接受方方面面信息的能力强,则可以全面发展。

第三,专才不等于不学习其他知识,全才不等于没有侧重。专才也要有很好的知识修养,搞艺术的要学文、史、哲才有高度;搞自然科学的学点音乐可以激发灵感。所以说,一些基本的知识文化修养是必须的。全才也不等于没有侧重。虽然在综合部门工作方方面面都要懂,但要结合你的工作特点,有所侧重。与你工作最密切的专业必须要精,其他的要通。

7.望、闻、问、切——四个诀窍帮你选老板

大多数人的生活中,都会出现一个个体,那就是老板。如何选择这个个体——这个日后与你天天相对的老板,就成了你的终身大事。

这里提出几点建议,不妨作为选择老板的标准。

(1)无论学历如何,对商海要有独到见解,对自己要有坚强信心。

你不是在选教授,不必一定要看重学历。只要他精于商场,在商场上节节取胜,你就有可能从士兵升到将军。

(2)无论文化如何,求知若渴、孜孜以求的人。

无知的人是最易满足的人,反过来讲,不满足的人往往有知有识,进步飞速。

(3)心胸坦荡,不计较针针线线的人。

一个老板要能容人,容不得人如何纳千军万马?职工打个哈欠,他非说坏了他的财气,这样的人不可跟。

(4)要有胆量和魄力。

什么叫胆量?就是别人不敢他敢,当然,违法犯罪的事除外;什么叫魄力?就是别人只想着做1万元的事,他在想着做1000万元的事,当然,空想也没用。画饼充饥、只一味的许诺却从不实现的人,不要跟也不能跟。

(5)上班比职工还准时的人。

起码说明他对自己是负责的,如果对自己都不负责,如何对别人负责?

(6)格外遵守时间的人。

不因内部开会而迟到,也不虚假解释:太忙了……来晚了……对不起……哈哈哈……在没有人敢对他指责的情况下,准时是他的人品和素质的反映。

(7)凡事有原则的人。

奖励你有奖励你的原则,惩罚你有惩罚你的原则,不以个人情绪为转移。只有奖惩分明才能带动一个队伍。

(8)不大方,也不小气。

该花的花,多少都不吝惜;不该花的,一个钉子也要从地上捡起来。

(9)不妒贤嫉能的人,永远能够看到别人的优点的人是首选的对象。

看见别人好，自己就睡不着觉，看见别人不行，又在那儿骂骂咧咧，永远是别人不对，跟着这样的人，你永远没有出头之日。

虽然说选老板有时就像选对象，但是选老板万万不可凭一时感觉，就妄下决断，这个老板关系到自己将来会不会有好的前景、会不会发达，所以不可操之过急，更不可听人一句话就草草决断。一个老板往往是多元化的，无法用“好”或“不好”加以评判，所以观察你的老板需要做到全方位。你要分析老板对你而言“合不合适”，要知道，适合自己的才是最好的。

中医在为患者治病时讲究望、闻、问、切。在选择和观察老板的问题上，用这“四字法则”亦有着异曲同工之“妙”。

望——看问题

看老板对待他亲人的态度怎样。如果他对自己亲人都无情无义，那么这样的老板看都别看，一个连自己的家庭关系都不能妥善处理的老板，跟着他也只能成为一块垫脚石。只有有情有义的人，才是可以“托付终身”的。

再者就是看他对待下属的态度。一个老板对待其下属的态度直接反映了他对待事业的态度。员工是他事业发展下去的基础，所谓“水能载舟，亦能覆舟”，老板对他属下的员工是否重视，是影响到整个团队能否凝聚成一体的重要因素。

望，是选择的第一关“眼关”。要做一个好员工，首先要善于观察，通过细节判断，从而得出一些结论来。当然，这也是一个主观臆断的过程。此外，我们还观察企业的组织结构、人员特点、文化氛围等，以便做到心里有数。

闻——听结论

听，就要听听以前的部下怎么说。“端老板的碗服老板的管”，在老板手下，当然会有许多话敢怒不敢言，但是一个已经离开的旧部下说的话就要真实很多。所以，在投身老板麾下之前，不妨了解旧部下对其的看法，然后辨别真伪。

此外，不妨也听听小客户的评论。老板对大客户自然是殷勤有礼，如果对待自己的小客户仍然是服务周到，这样的老板一定值得追随。

听，即是选择的第二关“耳关”。身在职场，有时“闻”绝对要比“说”来得管用。不妨做一个聪明的倾听者，你会得到很多真诚的心，获取很多意外而及时的信息。

问——找内因

问，也是选择的第三关“嘴关”。直接跟老板去面对面，与他进行交谈，了解一个人的最好方式，莫过于跟他单独在一起。你可以向他提问或者就是平素的闲聊，通过与他交谈，你会了解到这个人外表上看不出的东西，会挖掘到他内在的那些元素。一个老板将来是否成功，多半源自他的内因，了解到了这一点，你的答案就基本敲定了。

“问”是一个客观判断的过程。通过双方的交流，最主要的目的就是达成共识，确保员工能得到高层的认可，而老板也能得到员工的认同。这也可以说是找到双方的信息对称点，增加彼此的信任。

切——作判断

切，是选择的最后阶段，也是最后一关“心关”。这是一个总览全局的过程，前面望、闻、问所获的信息、线索、资料等就如“百川归海”一般，最后都将汇集于此，等待被有效地利用、分解、组合、搭配，最后形成“CPU”发挥作用。

在选择适合你的老板的过程中正确、灵活地运用“望”、“闻”、“问”、“切”的方法，会使你的眼光更加独到，让你避免因“看错人、跟错人”造成经济和精神上的巨大损失。

老板的N种类型

世界上没有两片完全相同的叶子，也不会有两个完全相同的老板。在职场这个大树林里，老板们往往“各具千秋”，每一个老板都有自己独特的个性，如果职场中你能够读懂老板的个性，那么与之相处的时候就会轻松容易得多。

我们把平常最常见的老板分为八大类：

孔子型

孔子被世人称为“圣人”，除了自己的先天先觉外，还因为他教育了大批超一流的学生。孔子不问出身，不论地位，因材施教，鼓励创新，对人才不拘一格，而且知人善任，用人不疑，是至圣至明之人。在这样的老板手下做事，是可遇而不可求的。所以，不要再想什么投机取巧、歪门邪道了，这样的老板是亏不了你的，有劲你就赶紧使出来吧。

赵匡胤型

“疑人用，用人疑”，大事要你冲锋，小事靠你断后，出事叫你“垫背”，你是他手中随时可以挥出的一张王牌。表面对你亲密无间，但内心拒你千里之外，派你干活时还会派人监督，限制你，而在你劳苦功高之后又会来一招“杯酒释兵权”，给你一个虚职让你在公司养老。所谓“飞鸟尽，良弓藏”，是这类人常玩的把戏。

高俅型

从外到里坏透了的阴险家伙，多散见于建筑老板、中介公司或贸易公司中。进了他的公司就像进了黑店，人身自由得不到保障，随便找个借口就扣你押金、工资，其心之黑不可名状。你要做的就是赶紧“闪人”，片刻都不要停留。

李林甫型

口蜜腹剑、笑里藏刀的“典型人物”。往往表面对你既尊重又客气，背后却想着如何在事成之后尽快除了你，一个子也不付给你。这样的老板也比较常见，你要做的就是“防人之心不可无”，多长个心眼，必要时要用法律武器维护自己的合法权益。

张飞型

敢作敢为，风风火火，有一股拼劲，加起班来不要命，工作干不好他会当面赏你耳光，但这类老板说了之后不会往心里去，为人豪爽，分起钱来也很大方。跟着他干绝不能做缩头乌龟,宜多与老板冲锋陷阵,少要心机,否则老板会不讲情,一斧子给你来个五马分尸。

唐明皇型

不爱江山爱美人,烽火台上戏诸侯,重色轻友,你肝脑涂地地为公司忙碌,却抵不过美人背后的"嫣然一笑"。"美人一笑,权力就到",得了权的"美人"会反过来指挥你,气死你不偿命!经验证明,这些扎堆在女人堆里争风吃醋、绯闻缠身的花心老板往往靠不住,由于心思不放在正事上,最终公司也会葬送在这些女人之手。跟着这样的老板注定没有出路,走为上策。

光绪型

这类老板软弱无能,下属员工倚权自重,管理失控,有联合起来"逼宫"的危险,处于旋涡中的你可要选择好了:是当谭嗣同,还是当袁世凯。幼主扶正,你自然劳苦功高重重有赏;着力不慎,则打虎伤身,沦为阶下囚被扫地出门,所以要千万慎重。

刘备型

天生善于伪装自己,极其善于作秀,一见面就做出一副伯乐状。相见恨晚、家长里短、嘘寒问暖、称兄道弟、勾肩搭背是他们的拿手好戏,瞬间令你大有知遇之恩、人生知己的感觉。他们会给你许下一万个诺言,让你感到前途似锦。"既要驴子跑,又要驴儿不吃草",是这种老板玩的最佳境界。最可恶的是,他待你越是无情,你越觉得他内外有别,拿你不当外人,反而对他越是忠心耿耿;当他开你时,你认为他是明白事理、顾全大局;甚至要你性命时,你也觉得他是忍痛割爱、大义灭亲。

总之,无论你的老板属于其中的哪一类,你都要对他的个性慢慢体会和思考。领会到你老板的个性,然后"对症抓药",就能起到"药到病除"的妙用。

8.择你所爱,爱你所择

只有做自己感兴趣的工作,才能够有所进步,并达到事业的巅峰。无论做什么,都要从自己的兴趣入手,才能让自己做得出类拔萃。

爱因斯坦说过:“热爱是最好的老师。”心理学家所提供的事实和数据也表明:有成就的人所选择的都是他们衷心热爱的职业,他们首先追求的是使自己满意,而不是着眼于外部的东西,如提级、加薪、掌权之类,因此这些人也理所当然地获得了更多物质和精神上的财富。因为热爱自己所干的一切,工作就会越干越好,报酬也就相应地越来越多。这种对自己职业的热爱,减少了来自社会环境的一大障碍。

教师热爱教书,画家热爱画画,这就是“投入”的魔力。当然,投入也不是万能的。如果是一个在音乐方面毫无天赋的人,无论他怎么投入,怎么努力,始终都不能成为一名音乐家;反过来,一个人已经具备一定的天赋,并朝着自己既定的方向努力,倾注非凡的投入,他就一定会是一位成大事者,获得物质和精神的双丰收。

当杰拉德斯·图夫特还是一个8岁的小男孩时,一位教师问他:“你长大之后想成为怎样的人?”他回答:“我想成为一个无所不知的人,想探索自然界所有的奥秘。”图夫特的父亲是一位工程师,因此想让他也成为一名工程师,但是他没有听从。“因为我的父亲关注的事情是别人已经发明的东西,而我很想有自己的发现,创作出自己的发明。我想了解这个世界运作的道理。”正是本着这样的渴求,当其他孩子正在玩玩具或者看电视机时,小小的图夫特却在灯前彻夜读书。“我对于一知半解从来不满足,试图想知道事物的所有真相。”他很认真地说。后来,他获得了诺贝尔物理学奖。

图夫特告诫人们:最重要的是你要决定走什么样的道路。你可以成为一名科学家,可以去做医生,但是一定要选择你喜欢的道路。世界上没有完全相同的两个人,这就是人类能够取得各种各样成就的原因。没有必要去强迫一个人做他不感兴趣的工作。保持自己的特长,让自己前行的道路能够顺应自己固有的特质延伸,对于我们每个人的成长都至关重要。

人生本来就需要做选择,但是一定要做"对"的选择,秘诀就是"择你所爱,爱你所择"。

在选择将来自己要从事的职业和领域上,最明智的莫过于被誉为"日本的比尔·盖茨"的日本软件银行的董事长孙正义了。

在美国读完大学后,孙正义回到了日本,成立了UnisonWorld股份有限公司。孙正义成立这家公司的目的是想通过它来确定自己未来的事业是什么,为此,他必须进行社会调查,而他深知进行社会调查只凭借个人的力量是根本没有办法完成的,所以他成立了这家公司。

通过拜访各式各样的人和阅读各式各样的书籍,孙正义列出了总共40项自己想要从事的行业。针对这些行业,孙正义进行了一连串的市场调查,并将结果与检查项目表对照,判断这些是不是适合自己投入一生的事业。

孙正义针对这40项事业,分别编出了10年的预估损益平衡表、资产负债表、资金周转表以及组织图,还依照不同的时间顺序编制了不同的组织图。如果将孙正义进行调查的资料书面文件集中起来,每摞大约有三四十厘米高,全部加到一起足足有10米高。

这项工作花去了孙正义将近一年的时间。经过很长时间的思考后,孙正义最后选择了从事软件的流通事业。他曾经这样说过:"我不愿意用情性或者是偶然的因素决定自己的命运和人生方向,一定要在个人有了充分了解的基础上，决定自己未来的人生大道。当然，一旦拟订自己的人生计划，我就会立即去付诸实施……”

莎士比亚曾说：“对自己要真实，如此，你就可以永远呈现出最美的面孔。”这就是说，你只有做自己感兴趣的工作，才能够有所进步，并达到事业的巅峰。我们从一些成功人士的身上细细观察，就会发现他们的事业和自己的兴趣总是紧紧联系在一起。正是因为这一点，他们总能对工作怀着无限的热情和喜爱，并全力以赴地为之奋斗和付出。朗费罗说：“成功的奥秘没有别的，只不过是从事自己所爱的工作罢了。不论做什么，都要从自己的兴趣入手，才会让自己做得出类拔萃。”

假使你不喜欢一份工作，只是为了“钱”而不得不与之为伍，10年、20年之后，有一天，你可能会猛然发觉，自己的人生竟然如此贫乏，耗尽半生光阴却没有做过一件令自己快乐的事。如果你选择自己喜欢的事去做，即使赚钱不多，却也乐此不疲，而且，由于坚持所爱，不仅让你彻底发挥了才能，甚至终能闯出一番不凡的局面。

做选择是一件很难的事，不会有人告诉你如何选择好坏、对错，唯一的衡量标准就是，一旦做起来感觉兴味盎然，那就对了！不要迟疑，赶紧去找一份让你充满干劲的事来做，如果你愿意为了这件事每天迫不及待地全力投入，那么，你离美梦成真就不远了！

推荐阅读：

名人如何选择成功——董卿

一个人的一生要经过不少岔路口，面临着往左还是往右。一步错了，以后又会碰到新的岔路口，如果选对了，还有挽回的余地，怕就怕一错再错。

很多人的一生往往只求平稳，不敢担风险，每逢人生的岔路口，宁肯走老路，也不敢探索变化走新路。而今天，成功恰恰属于那些敢于担风险、闯新路子的人。

中央电视台主持人董卿是中央电视台的当家花旦，她的名字家喻户晓。然而，她走到今天的地位很不容易，靠的是刻苦努力，更靠她在每个人生岔路口勇敢做出的选择。

董卿儿时的愿望是当一名演员，她报考了浙江艺术学院的表演专业。毕业后，她被分到了浙江省话剧团。由于话剧不景气，她没有什么戏可演。1994年，浙江电视台招聘主持人，董卿陪一个朋友去考试，自己也顺道考了一下，竟被录取了。就这样，董卿开始了她的主持人生涯。

在浙江电视台工作了两年，1996年看到东方电视台向全国招聘，董卿便来到了东方电视台。到了上海之后，董卿才发现自己没什么事干，虽然她是从成千上万人中挑出来的，但没人待见她。

1996年，央视的春节晚会是北京、上海、陕西三地合办的，上海的主持人是袁鸣和程前，那一年春晚剧组还有一个高高瘦瘦的姑娘，她经常在剧组跑前跑后地为演员吃饭、出发的事情忙碌着，这个姑娘就是董卿。她在东方电视台有起色是在1998年，主持《相约星期六》，节目样式讨巧，董卿也开始变得小有名气。

1999年，上海卫视成立了，董卿想，上海卫视是上星频道，面向全国，她当时觉得挺好的，便放弃了《相约星期六》，到了上海卫视。到了上海卫视后，董卿发现都是些串联节目。最初新频道成立的喜悦过去了，很快她就感到了失落，与此同时，《相约星期六》依然在，但是已经不是她的了，难免觉得郁闷。

董卿三易其主，丢掉最受欢迎的节目，想找到更大的舞台，谁知换来的生活却是每天无所事事。那时她特别烦闷，也很少出门，甚至电视也不看，就在家读《红楼梦》、《唐宋诗词》。

1999~2000年，董卿做了上海悉尼歌剧院连线的节目，得了2001年的金话筒奖。2002年，央视西部频道成立，正好有一个负责人是当时金话筒的评委，他对董卿有印象，便请她参加。董卿当时很犹豫，在上海毕竟人脉和环境都有，在北京没有车子房子，没有朋友，连去哪里剪头发、买衣服都不知道。但最后，她还是下决心来到央视西部频道。

这次，董卿做好了一切准备，把能想的都想到了。刚到西部频道的时候，董卿每天就是拿着台本一个人嘀咕，每次录节目之前都要查大量资料，她可以足不出户，就中午下楼吃碗面。正因为如此，在整个节目录制过程中，董卿可以在程序上不出任何差错。她抓住了这个机遇，努力学习，勤奋工作，终于取得了骄人的成绩。

在央视的两年中，董卿主持了130多场晚会和文娱节目，并从西部频道调入综艺频道，折取了春晚主持的花冠。这其中的转折点出现在2004年，董卿主持"第十一届全国青年歌手电视大奖赛"，连续20天直播，职业组和非职业组共有30场，每晚直播近3个小时。

在2005年央视春节联欢晚会上，由李咏、周涛、朱军、董卿组成的"春晚四人搭档"首次亮相。和其他3位主持人相比，董卿的出现颇具黑马气质，即便她已经站在了央视春晚的舞台上，大家对她还是有些陌生，而那个时候，也没有人能预料到，董卿在未来两年中，会以"当家花旦"的姿态在央视舞台上绽放。

这十多年来，董卿经受了一次又一次的选择，终于达到了令人瞩目的高峰。她的人生选择，也许可以给我们一些启示。

首先，她做出选择时有必要的自信，相信自己能干好，相信跳槽能成功。这种自信基于她对自己的条件和能力的准确把握。她的确具备作为一名优秀主持人的才能，她的外形、聪慧、知性、修养、记忆力都是很好的，当然，这些也是在她的努力中不断提高的。

其次，她有勇气，以勇气抓住机会。董卿遇到选择的时候会用排除法，她会问自己："如果从此生命中再没有这个东西，自己能不能接受？比如，如果再也没有中央台这个事，我能接受吗？我一定会后悔没有去试一下。”她敢于挑战生命中难得出现的机遇,有这份勇气不容易。

再次,她没有更多的患得患失。前进的选择中,有得必有失,她得到了,必将失去一些。如果在得失上考虑较多,特别是在生活、待遇、条件等方面权衡过多,就会影响她的选择。她做选择时,总是抓住了大的一头,即自己事业的成功,而不计较其他的得失。设想一下,一个女孩家在杭州,在父母身边,有优裕的生活环境和工作环境,离开父母孤身一人到北京闯荡,各方面的困难可想而知。

了解她的朋友说:董卿在上海的日子其实也很舒服,没事的时候喝喝下午茶、会会朋友、做做美容、健健身。董卿已经不年轻,毕竟在上海那段也是好日子,有名有闲。但到北京,则要全部重新开始。

但她最终还是选择了丢掉自己“手上有的那点东西”,事实证明她的选择是对的,她收获了很多。

第四章

不要只选眼前的财富，要选致富一生的财商

财富很重要，但比财富更重要的，是财商。

聪明才智可以创造财富，优秀的技巧可以收集财富。只要成为一个能够吸引财富的人，财富就会从四面八方向你聚集。

1.好商人是因为选择了好点子

从经济意义上讲一定是能由此产生利润的机会。旧的商机消失后，新的商机又会出现。没有商机，就不会有交易活动。商机转化为财富，必须满足5个“合适”：合适的产品或服务、合适的客户、合适的价格、合适的时间和地点、合适的渠道。之所以有的人能够成为好商人，就是因为找到了这些合适的好点子。

60多岁的沃尔逊先生从政府部门退休后，便迷上了电视台播放的自然节目。有一天，一家有线电视台播出了一个关于月球探秘的纪录片，

荧屏上,主持人手拿月球地图,一边向观众讲解,一边翻动着图片。

沃尔逊先生心想:"这样看月球的平面图实在太费劲,也不够直观。月球和地球一样都是圆的,既然能制成地球仪,那么为何不能制月球仪呢?"沃尔逊先生抓住这瞬间产生的灵感,决定把退休后的精力全部放在月球仪的开发上。

1969年3月,第一批精美的月球仪制作好后,沃尔逊先生亲自写了广告词,并在电视上播出。结果,正如他所预料的那样,世界各地的订单如雪片飘来。之后,沃尔逊先生每年都可得到1400多万英镑的生意。他又先后开发了火星仪、金星仪、土星仪和木星仪等系列产品,使家庭工厂逐步成为世界性的大企业。

再来看一个日本理发店的故事。

在日本东京有一家名为新都的理发店,每日顾客盈门,生意兴隆。

这家理发店是靠什么招数来吸引顾客的呢?有好奇的人前去打探,发现其生意兴隆是靠"出租"女秘书。这个新颖的创意源于发生在理发店里的一个小故事。

那是一个大雨滂沱的日子,一位顾客到店里理发,理到一半时手机响了——老板让他立即将一份拟好的协议打印出来,送到客户的公司。这下可把那位顾客急坏了,望着窗外的大雨和镜子里刚理了一半的头发,他进退两难。思考再三,他最后还是放弃了理发,冒着大雨去打印社打印协议,结果在客户面前显得很狼狈,自己也一整天心情不好。此事虽被人们当成了笑话,却提醒了理发店的老板,于是,一个新的服务项目很快就在新都理发店诞生了。

经过策划,该店雇了一位办理贸易手续的专家、一位日文打字员、一位英文打字员、一位英文翻译和两位办理文件的女秘书。如果顾客是带文件来的,在理发时,女秘书就会帮你整理文件;如果顾客需要打印文件,就可以在理发店里完成;如果顾客需要办理贸易方面的手续,店里的专家可以为他服务。所以,顾客在等候或理发的时候也和在办公室里一样可以办公。

此项服务的推出，一下子吸引了那些每日工作繁忙的顾客，使他们觉得来理发不仅是一个很好的放松机会，而且还可以及时处理手上的工作，真是一举两得。而新都理发店也依靠这个特色服务，使自己的年营业额成倍增加。

接下来要讲的同样是一个日本商人的故事，其中也折射出了商人的精明与视角的敏锐。

“越能利用有利用价值的东西就越能赚钱。”这是日本最大帐篷商、太阳工业公司董事长能村先生的经营之道，而他也正是在这一理念的引导下，利用大楼的外墙赚了大钱。

那年夏天，能村先生想在东京建一座新的销售大厦。善于动脑筋的他心想，在寸土寸金的东京只建一座大厦，不仅一时难以收回成本，而且大厦的每日消耗也是一笔不小的开支。怎样才能做到既建了大厦，又可以借此开拓新的市场呢？

万事就怕有心人，有了这样想法的能村先生开始关注生活里的一些热点问题。当时，攀岩热正在日本兴起，且大有蓬勃发展之势，这令能村先生茅塞顿开：“何不建一座都市悬崖，满足那些都市年轻人的爱好？”经过调查研究，能村先生邀请了几位建筑师反复研讨，决定把10层高的销售大厦的外墙加一点花样，建成一座悬崖绝壁，作为攀登悬崖的练习场。

半年后，一座植有许多花木青草的悬崖昂然矗立在东京市区内，仿佛一个多彩而意趣盎然的世外桃源。练习场开业那天，几千名喜爱攀岩的血气方刚的年轻人，兴高采烈地聚集在此处，纷纷借此过一把攀岩瘾。

在东京市区内出现了从前在深山峻岭才能看到的风景，这一下子吸引了人们的目光,每日来此观光的市民不计其数。而一些外地的攀岩爱好者闻讯后,也不辞辛苦到东京一显身手。

接着,能村先生又恰到好处地把握了这种轰动效应,在公司的隔壁开了一家专营登山用品的商店。很快,该店便因货品齐全,占据了登山用品市场的榜首地位。

人们都想找到商机,但商机就像刻意要跟你捉迷藏一样,总是捉摸不定。如果把商机当作有明确目标活动的副产品来看待,你就会发现,商机总是"踏破铁鞋无觅处,得来全不费功夫"。商机是可遇而不可求的，是永不重复的偶然，这就需要我们多用心去留意身边的每一件小事、每一次偶然。用心才能发现宝。

2.用积极的心态去面对,抛弃自己的懦弱和悲观

很多没有胆量入商场的人,都有这种担心:他们不怕别人痛打,不怕枪弹袭击,只怕别人的嘴脸。别人的嘴脸真的恐怖吗?并不。他们怕的东西,来自于自己的内心。

南存辉,从昔日温州城内辛苦操劳的小小修鞋匠,几经奋斗终成资产超过亿万美元的年轻富豪、正泰集团公司董事长兼总裁,并连续3年登上福布斯中国富豪榜。

南存辉的父亲是温州乐清柳市人人皆知的老鞋匠。13岁初中刚毕业,父亲因伤卧床不起,作为长子,南存辉辍学,子承父业。13~16岁,他每天挑着工具箱早出晚归,一晃就是3年。

在修鞋时,南存辉就发现了一个能改变他命运的机会。当时,乐清柳市有很多供销员在全国各地跑供销,他们带回了很多信息。由于当时国

家实行的是计划经济体制，工厂卖出的都是整机，并且大多是成批量售卖，机器的一个零件坏了很难买到。具有商业头脑的乐清柳市手工业者抓住了市场需求，把坏机器拆掉卖零件，也有不少先行者开始制造机器零件。16岁的南存辉找了几个朋友，一起四处借钱，最后在一个破屋子里建起了一个作坊式的“求精”开关厂。

其实，南存辉致富的方法，就是抛下一切所谓的面子，敢闯敢做。由于南存辉在低压电器领域心无杂念，一门心思铆足劲儿向前冲，如今，他率领的正泰集团已拥有员工6000余名，总资产8亿元，下设6大专业公司、48家成员企业，形成了集科研、工业、贸易与信息为一体的现代化企业集团。

南存辉成功的例子，是成千上万温州人创业的缩影。从不起眼的小生意、小买卖做起，把赚到钱看作是最大的面子，坚定自己的信念，就一定能在创业的道路上疾驰。

每个人的一生都会遇到这样或那样的事，总会有更多的挑战等待你去迎接。一种积极的人生态度，能让你学会将所有的不利条件转化为有利条件，从而克服所有闲难，使人生之船顺利地驶向自己想去的地方；而那些对凡事都抱着消极态度的人，遇到困难或挫折时就会怨天尤人，有的人还把不得志的原因归咎于自己很“倒霉”。

真的是因为他们很倒霉吗？当然不是！所谓的“倒霉”，其实是来自于他们的心情和想法。当你觉得自己很倒霉时，你就不会主动去追求一些好的事情，自然会真的变得很倒霉；而当你觉得自己很幸运时，就会觉得自己生活中的每一天都充满阳光，每一天都很快乐，也就会越来越幸运。实际上，当你面临失业、病痛等困难时，还有一些人遭受着更大的苦难甚至死亡。和死亡相比，还有什么更可怕的呢？

众所周知，创业之路是艰辛而痛苦的。如今的很多大富豪和成功人士，看似个个声名显赫、名利双收，生活得非常惬意，但是回顾他们白手起家的历史,无不是经历了无数挫折,遭受过无数创伤之后才最终登上成功的巅峰的。

希腊船王奥纳西斯最初只是一个两手空空、一穷二白的难民,却在短短几十年里一跃成为世界上最大的富豪之一,拥有数十亿美元的家产和奥尼亚海上的整个科尔比奥斯岛,并且开办了多家造船厂,经营着100多家公司。

奥纳西斯16岁时随着难民潮来到希腊,却找不到工作,只好四处流浪,最后来到了南美阿根廷的布宜诺斯艾利斯,成了一个电话公司的焊工。为了多挣点钱,他非常卖力,有时甚至通宵达旦地加班。

其实,年轻的奥纳西斯一直有一个梦想,那就是成为一位成功的企业家,并且他坚信自己有这个能力。为此,他努力奋斗,不断朝着自己的目标前进。几年后,他有了一笔非常可观的积蓄。他发现,在南美经营烟草最为合适,因为那里有得天独厚的市场和货源,而且投资和风险都不大,于是,他很快就开始了烟草生意。

事实证明,奥纳西斯的确具备企业家的潜质。在他的苦心经营下,烟草生意逐渐风生水起。并且,他在24岁时被任命为驻布宜诺斯艾利斯的总领事,这使他经常能接触到船只,而这些船勾起了他儿时对大海的向往,他觉得自己能干点什么。

出人意料的是,1929年爆发了资本主义世界最严重的经济危机,使得1931年的海运量只有1928年的31%。面对这场前所未见的大灾难,很多海运公司不得不将自己的船只廉价出售。奥纳西斯经过冷静的分析后,认为这场危机只是一时的,而一旦危机消失,经济很快就会复苏,海上贸易也会重新繁荣。因此,他倾尽所有积蓄,用12万美元买下了价值200万美元的6艘货轮。

当时,经济危机不仅没有停止,反而愈演愈烈,很多人认为奥纳西斯是在自寻死路。但奥纳西斯丝毫不为所动,他深信自己是正确的,一定会赚大钱。

果然，不久，“二战”爆发了，这为海上运输蓬勃发展提供了土壤，奥纳西斯的6艘货轮在一夜之间从一堆废铁变成了摇钱树。到“二战”结束时，他已经成了腰缠万贯的一代船王。

“二战”结束后，船主们再次陷入了巨大的恐慌之中，大战留下的隐患势必会再次引发更大的经济危机。但奥纳西斯还是沉着冷静，他预见到“二战”后，经济一定会进入一个飞速发展的时期，而经济的突飞猛进，必然会刺激能源工业，尤其是石油工业的发展。

于是，奥纳西斯果断地大力投资石油运输，并成功地与沙特国王签订了“吉达协定”，成立了沙特阿拉伯油田开采船海尼有限公司。这样，奥纳西斯顺利地拥有了从沙特油田开采的石油运输垄断权，这为他带来了源源不断的财富，并最终奠定了他的成功之路。

创造财富是一件很困难的事情，只有那些不畏艰苦、坚定不移地追求自己梦想的人才能最终实现自己的目标。

人，在很多时候都是在自己吓唬自己。这个世界上，最强大的恐怖分子不是别人，也不是所谓的困难或挫折，而是自己。同样的道理，这个世界上最伟大的力量，不是来自于别人，而是来自于自己。

所以，做好选择，最终会形成不同的人生之路。强者或弱者，成功者或失败者，往往只在一念之间。无论遇到什么困难，只要你保持一颗坚定的心，用积极的心态去面对，抛弃自己的懦弱和悲观，就一定能走向成功。

3.为自己的财富选择一个正确的目标

众所周知，在盖房子之前，人们必须清楚地知道自己需要什么样的房子，再根据自己的需要去买材料。脑子里房子的样子越清晰、越具体，建造出来的房子就越接近自己的目标。同样的道理，在构建自己的人生大厦前，也必须对自己的目标有一个清晰的认识。这是穷人变身为富人的必要条件。

一个明确的目标，能促进一个人的成功。每一个成功的人，都有自己比较明确的目标，他们会把自己的每一天甚至每一个小时都进行细致的规划，对成功的强烈渴望使他们不虚度一分一秒。而很多人之所以失败，很多时候并不是因为他们能力不够，而恰恰是因为他们没有明确的目标。

17岁时，丁志忠孤身一人来到北京打拼。很多年后，他创立了安踏，取得了巨大的成功，成了名副其实的富人。

丁志忠提出要到北京发展时，家里人都很不理解。但丁志忠毫不动摇，他对家人说："每天都有外地人来我们这买东西，几乎我们所有的东西都能卖掉。我们为什么不主动把晋江的商品拿出去销售呢？"

那时，丁志忠的父亲刚刚开设了一间小鞋厂，所以家里的条件并不宽裕。但经过认真的考虑后，全家人决定支持丁志忠的想法，最终，丁志忠的父亲拿出了1万多元，让丁志忠买了600双晋江鞋到北京去卖。

为了把晋江的货摆进北京西单商场的柜台，丁志忠每天都去找商场的负责人。但对他们来说，眼前这个只有17岁的年轻人并不可信，因此没有一个人理他，往往是丁志忠一说出自己的想法，他们就赶紧反驳，还对他说："你才多大啊，就跑出来做生意？"无奈之下，丁志忠只好撒谎，告诉别人自己已经20岁了，但很多人都不相信。尽管如此，丁志忠还是坚持每天去找他们，并真诚地为他们介绍晋江产品的优势。这样磨了一个多月，商场的人终于答应去晋江看看。丁志忠欣喜若狂，立刻先赶回晋江做准备。后来，丁志忠成功地为晋江的鞋厂争取到了西单商场的柜台，敲开了成功的大门。

丁志忠的第一个目标实现了，销路一下子打开了。一边是晋江丰富的货源，另一边是宽广的销售渠道，等着丁志忠的将是源源不断的利润，但丁志忠并不满足，他还有更远大的目标。

1991年，丁志忠回到晋江，为了他的下一个目标而努力。在北京的几年，丁志忠发现了一个问题：市场上比较有名的“青岛双星”、“上海火炬”等品牌的鞋虽然已经有一部分是在晋江生产的，这证明晋江货的质量可靠，但是晋江一直没有属于自己的名牌，丁志忠从中嗅到了成功的气息。

于是，丁志忠怀揣着自己的所有积蓄20万元，在晋江开设了一间工厂，安踏由此诞生。丁志忠的目标是把企业做大，把品牌打响。1999年，一场国内鞋业的广告大战和体育明星大战孕育而生，孔令辉和他的“我选择，我喜欢”顿时成了最响亮的广告语之一。接着，丁志忠制定了在央视投放500万元的预算价格。随着孔令辉在奥运会上的出色表现和他极具个性的“我选择，我喜欢”，安踏迅速完成了品牌的树立和传播，一跃而成为中国名牌。

从2000~2004年，安踏运动鞋的市场综合占有率连续4年名列全国第一。取得这个喜人的成绩后，丁志忠又有了新的目标。2002年年底，安踏砸重金拿下了设在匈牙利亚洲中心“晋江街”里最大的一个摊位，丁志忠认为非常值得。原来，丁志忠是为了避免和耐克、阿迪达斯争夺欧美发达地区的市场，才转而把注意力放在了还未加入欧盟的匈牙利，而2004年匈牙利加入欧盟又给安踏进军欧美打开了大门。

此外，2003年安踏还开始赞助立陶宛职业篮球“近卫军”海神篮球俱乐部，成为了第一个赞助海外职业篮球队的中国品牌，并因此一炮而红。11月，安踏首家海外专卖店在新加坡诞生，为安踏品牌全面拓展海外市场，走向世界奠定了坚实的基础。

丁志忠坦言，从创业开始，他始终坚持自己的目标，在困难和挫折面前也毫不动摇自己的决心。坚持不懈地朝着自己的目标前进不仅是丁志忠的制胜法则,也是所有成功者的必胜信念。

美国耶鲁大学曾作过这样一个调查:学校的研究人员对参加调查的学生提出了一个问题:“你们都有自己的目标吗?”

结果,接受调查的90%的学生都回答:“有。”接着,研究人员又问:“如果你们有了目标,会不会把它写下来?”这一次,只有4%的学生的答案是肯定的。

20年后,耶鲁大学的研究人员跟踪调查了当年接受调查的学生,发现那些有目标并且把自己的目标写下来的学生,无论是在事业发展还是在生活水平方面,都远远超过没有这样做的学生。而且,这些目标明确的学生创造出的社会价值竟然是那些没有这样做的学生的总和。研究人员还发现,其余的96%的人都在间接或直接地帮助那4%的人实现他们的目标。

如果你是穷人,请给自己制定一个明确的致富目标,那能让你与富人的目标更接近;如果你是富人,请给自己制定一个明确的致富目标,那能让你从众多的富人中脱颖而出,由“小富”变成“大富”。记住:目标总是很美好的,但它从来不会主动向你靠近,只有那些努力付出的人,才能看见目标的“庐山真面目”。

4.正确认识自我,贫穷是“选择”造成的

富豪洛克菲勒曾说过:“钱最重要的功能,是可以为未来提供一定程度的力量和安全感。”因此,赚钱不仅仅是一种谋生手段,它还承担着人们的希望与恐惧、理想与价值观,因而上升为一种社会和心理的概念。

贫穷这种病,虽然与缺乏理财知识和技巧有关,但是错误的观念、心态和思维方式,才是阻碍人们去实施正确的理财方式的根本原因。因

此，贫困主要是“心病”，其病根在于心。

简要来说，贫穷这种“心病”，首先是在内心深处没有追求财富的强烈愿望。

因为你无心致富，所以就无心去抓住致富的机遇，也不会去学习致富的知识和技能。人和人之间的致富能力差距其实很小，关键是看你有没有“用心”。“用心”之人善于抓住致富机遇，而机遇就像一个“放大镜”，它把人与人之间的财富差距拉宽放大了。

因此，改变贫穷首先得改变“心态”，因为心态控制着一个人的思想与行动。无心致富，自然不会有致富的行动，当然也就没有财富可言了。

有些人总把一件事情想得过于复杂，自设的障碍会使你将地面上的石头看成小山，导致你缩手缩脚、裹足不前。他们首先是被想象中的困难给绊住了，然后便哀叹客观条件的不足，最终连试一下的勇气都没有。

“不可能”只是我们逃避困难的借口，即使是在“山重水复”之时，只要搬掉心头“不可能”这块巨石，咬紧牙关坚持下去，就可能迎来“柳暗花明”。只要你敢想敢做，所有的不可能都会成为可能。

其实，很多事情看起来很难，真正做起来却未必如此。事情的假象挡住了你的视线，使你难以透视其本质。这种情况下，需要的就是实践和尝试。

将不可能变为可能的例子比比皆是，汤姆·邓普生就是其中一个。

汤姆·邓普生下来的时候，只有半只脚和一只畸形的右手。父母为了不让他因为自己的残疾而感到不安，只要是其他男孩能做的事，便要求他也能做。例如，童子军团行军10英里，汤姆也同样走完了10英里。

后来，他踢橄榄球，发现自己能把球踢得比任何在一起玩的男孩子远。为了参加踢球测验，他请人为自己专门设计了一只鞋子，还幸运地得到了冲锋队的一份合约。但是教练婉转地告诉他，“你不具有做职业橄榄球员的条件”,促请他去试试其他的职业。

最后,他申请加入新奥尔良圣徒球队,并且请求球队教练给他一次机会。教练虽然心存怀疑,但是看到这个男孩这么自信,对他有了好感,因此就收了他。

两个星期后,圣徒队与巴第摩尔雄马队的友谊赛举行,球场上坐满了6万6千名球迷。比赛进入到尾声,双方比分为17:17,当时球在28码线上,离比赛结束只剩几秒钟,球队把球推进到了45码线上,但是没有时间了。

“邓普生,进场踢球!”教练大声说。

当邓普生进场的时候,他知道他的队距离得分线有55码远,是由对方的队员踢出来的。

球传接得很好,邓普生一脚全力踢在球上,球笔直地前进。但是踢得够远吗?6万6千名球迷屏住气观看,球在球门横杆之上几英寸的地方越过,终端得分线上的裁判举起了双手,邓普生的球队以19:17获胜。球迷狂呼乱叫,为踢得最远的一球而兴奋,这是只有半只脚和一只畸形手的球员踢出来的!

告诉自己你能做什么,而不是你不能做什么。永远不要消极地认定什么事情是不可能的,首先你要认为你能,再去尝试、再尝试,最后你会发现你确实能。

其次,贫穷这种心病,根源在于一种害怕“改变”的恐惧,心里没有勇气去改变贫穷的现状。

一个在工厂上班的工人,尽管每个月赚的钱不够花销,一个在事业单位上班的人,尽管每月的薪水不够养活全家,但要是让工人改变现状,辞掉工作去创业赚钱,或是让在事业单位上班的人放弃安逸的工作下海经商,他们大都不愿意,因为他们害怕改变现有的生活和工作状态,他们恐惧改变现状。

但改变能给人新生，改变能让人超越自我，获得更大的财富。

自有文字记载以来，冒险总是和人类紧紧相连。虽然火山喷发时所产生的大量火山灰掩埋了整个城镇，虽然肆虐的洪水冲走了房屋和财产，但人们仍然愿意回去重建家园，继续生活。飓风、地震、台风、泥石流等自然灾害都无法阻止人类一次又一次勇敢地面对可能重建的危险。

当我们横穿马路的时候，实际上总是有被车撞到的危险；当我们在海里游泳的时候，也同样有被卷入逆流或激浪的危险。尽管统计数字表明，坐飞机比乘汽车要安全一些，但我们的每一次飞行仍然包含着冒险。总之，任何地方的旅行都潜藏着冒险，小到丢失自己的行李，大到作为人质，被劫持到世界上某个偏僻的角落。

事实上，我们总是处于这样那样的冒险境地，因为我们别无选择。我们必须横穿马路才能走到另一边去；我们也必须依靠汽车、飞机或轮船之类的交通工具，才能从一个地方到达另一个地方。

“千万要小心谨慎从事”，许多人都是在这样一种敦促、提醒、告诫的语言环境中一点点长大成熟的。正因为周围环境时时刻刻存在着这样的善意提醒，使得一般人很难挣脱原有束缚去冒一把险。

许多人从不考虑当一个为自己打工的业主，因为那“太冒风险了”。接受大公司的职位是他们所有人的选择，似乎其中不存在某天被解雇的风险。许多人一心只想着“干活——拿工资——花钱”，要公司“关心”他们的生活，这就是理想的低风险工作。但是，他们错误地估计了这门职业，有朝一日，大多数人会从他们的职位上消失掉。

我们每天都可能面临改变，新的产品和新的服务不断上市，新科技不断被引进，新的任务被交付，新的同事，新的老板……这些改变，也许微小，也许剧烈，但每一次的改变，都需要我们调整心情，重新适应。

改变，意味着对某些旧习惯和老状态的挑战，如果你紧守着过去的行为和思考模式，并且相信“我就是这个样子”，那么，尝试新事物就会威胁到你的安全感。

如果你根本没有仔细想过去冒险，那你就只能待在原地，安于现状，既不能后退，也无法前进，你的日子很可能过得呆板、懒散。

有成为成功者的欲望，却不敢冒险，这样怎么能够实现伟大的目标呢？冒险与收获常常是结伴而行的。风险和利润的大小是成正比的，巨大的风险能带来巨大的效益。险中有夷，危中有利。要想有卓越的成果，就要敢冒风险。

划时代的探险行为不是时时发生的，也不是每一个探险家都会碰到的机遇。冒险精神不是探险行动，但探险家的行动必须拥有足够的冒险精神。没有这一点，成功就与你无缘。

无数先富起来的人告诉我们：赚钱是一种选择。

穷人与富人的能力差距，并不像他们之间财富的差距那样大，那看似非常悬殊的差别，其实只根源于微小的一点，那就是对财富心态、财富观念、创富行动的选择。20%的富人之所以能够成为富人，是因为他们做出了正确的选择。

下面我们来看看，巴菲特是怎么通过“选择”成为世界首富的。

在一开始，巴菲特就选择了“要过富裕的生活”。于是，他不以自己只有100美元为由而放弃投资致富，选择过平庸的生活，而是积极向亲朋好友们借款，开始了他的投资致富生涯。

在巴菲特投资致富的过程中，处处体现了“选择”对于致富的重要性。他说：“选择一个优秀的明星企业比投资技巧和信息更重要。”

巴菲特认为，在人的投资生涯中，要做对几次投资决定（选择）是非常容易的，但要做出千百次正确的投资决定则是十分困难的。而选对了最适合投资的明星企业，就可以让投资者避免需要自己来做出无数个正确的投资决定的麻烦。否则，你若是选错了投资对象，再怎么努力，其结果都是令人失望的。所以，巴菲特总是选择适合投资的明星企业。

同样地，巴菲特也十分注重投资工具的选择。作为“股神”，他对投资工具的选择是极具智慧的。特别是在他白手起家的创业初期，他选中了“有限合伙人”这个投资工具，使自己迈出了成功的第一步，顺利完成了资本的原始积累。因此，他说：“选准投资工具就会起到事半功倍的效果。”

改变观念，正确认识财富，选定了投资工具后，巴菲特就开始着力选择投资人。最初的投资人是他的家庭成员，在投资事业逐渐稳固后，巴菲特开始把加入这个合伙关系的投资门槛提高。因为合伙人不能超过100人，他必须选择那些最有价值的投资人做自己的有限合伙人。

所以，巴菲特投资致富的一生，就是正确地做出“选择”的一生。

脱贫致富的过程，就是“选择”的过程。

致富是一种“选择”，其中最为重要的是“心态”的选择。要富有，首先你要从内心深处选择致富，而不是选择安于贫穷。这样，你的贫穷病才能治愈；不久的将来，你才能过上富有的生活。

哲人说过：“心态决定命运。”你若想成为百万富翁，就必须有一个积极的致富心态。

下面六个“化欲望为黄金”的切实步骤，你不妨一试：

(1)你要在心里确定你所希望拥有的财富数字。

(2)规定一个固定的日期，一定要在这个日期之前把你要求的钱赚到手——没有时间表，你的船就永远不会有归期。

(3)确实决定你将会付出什么努力与代价去换取你需要的钱。要知道，世界上没有不劳而获。

(4)拟订一个实现你理想的可行计划，白纸黑字地写下来，并马上着手进行。

(5)每天两次，大声朗诵你写下的计划内容。一次在晚上就寝之前，另一次在早上起床之后。在你朗诵的时候，你必须看到、感觉到和深信你已经拥有这些钱了。

(6)每天腾出30分钟,独自一人排除干扰,尽量放松,使自己感到舒适,然后闭上双眼,把自己想象为一名观众坐在一幅宽银幕前面,观赏自导自演的电影。当然,要尽量使这些画面生动、详细,让你的心理画面尽可能接近实际经验。

通过以上练习,你的头脑和神经中枢就会在欲望和黄金之间建立起一个新的自我意象。练习一段时间后,你会惊奇地发现,你的行为"完全不同"了,并有一种毫不费力的自发、自动的感觉。

5.赚钱要选择以小博大

有一位跨国公司的老总,他年轻时曾经做过人寿保险的业务员,在此期间,他认为自己应该是事业上的成大事者。他认为欲成大事必须从小事做起,但是眼下的工作最要紧的就是增加别人对他的好感。首先是要把自己的外貌整理好,因此,他每天早上在镜子前仔细研究,想办法让他人喜欢自己,可以这么说,他的成大事,便是他平常累积小事而所致的。

"以小博大"、"积少成多"是成大事者常用的手段。

世界上许多富翁都是从"小商小贩"做起的。只有扎扎实实地从小事情做起,才有希望有朝一日干大事业,这样做成的事业才会有坚实的基础。如果凭投机而暴富,来得快,去得也快。

虽然我们有"从今天起开始做起"的想法,但如果订立的计划过大,到后来难以实行,也不会有什么结果。因此,在开始时,不要把目标订得太远太大,应从小处着眼,从一点一滴做起。

万丈高楼平地起,不要认为为了一分钱与别人讨价还价是一件丑事,也不要认为小商小贩没什么出息。金钱需要一分一厘积攒,而人生经验也需要一点一滴积累。

恐怕现在的年轻人都不愿听“先做小事，赚小钱”这句话，因为他们大都雄心万丈，一踏入社会就想做大事，赚大钱。

当然，“做大事，赚大钱”的志向并没有错，有了这个志向，就可以不断向前奋进。但说老实话，社会上真能“做大事、赚大钱”的人并不多，更别说一踏入社会就想“做大事，赚大钱”了。

如果真能如此，应该具备一些特别的条件；如果没有，就应该脚踏实地，从小做起。

首先，看自己的才智如何，是“上等”、“中等”还是“下等”。

其次，对自己的“机遇”有信心吗？

最后，家庭背景如何？有没有可能助自己一臂之力？

当自己的条件只是“普通”，又没有良好的家庭背景时，“先做小事，先赚小钱”绝对没错！也绝不能拿“机遇”赌，因为“机遇”是看不见、抓不到又难以预测的！

那么，“先做小事，先赚小钱”有什么好处呢？

“先做小事，先赚小钱”最大的好处是可以在低风险的情况之下积累工作经验，同时也可以借此了解自己的能力。当你做小事得心应手时，就可以做大一点的事。既然赚小钱没问题，那么赚大钱就不会太难！何况小钱赚久了，也可累积成“大钱”！

此外，“先做小事，赚小钱”还可培养自己踏实的做事态度和金钱观念，这对日后“做大事，赚大钱”以及一生都有莫大的助益！

千万别自大地认为自己生来就是个“做大事，赚大钱”的人，而不屑去做小事、赚小钱。连小事也做不好、连小钱也不愿意赚或赚不来的人，别人是不会相信你能做大事、赚大钱的！

如果一个人总是抱着只想“做大事，赚大钱”的心态去投资做生意，失败的可能性会很高！纵观一些富人的成大事之路，他们无不是从小事做起，从小买卖做起，从小钱赚起。积少成多、滴水成河是亘古不变的道理！

6.合理选择投资项目——智与力的选择

在美国有一位著名学院的院长，继承了一大块贫瘠的土地。这块土地上，没有具有商业价值的木材，没有矿产或其他贵重的附属物，它不但不能为院长带来任何收入，反而使院长多了一项支出，因为他必须支付土地税。因此，院长对这块土地非常讨厌。

过了一段时间，州政府建造了一条公路从这块土地上经过。这时，有一位“未受教育”的人刚好开车经过，看到这块贫瘠的土地正好位于一处山顶，可以观赏四周连绵几公里长的美丽景色。

这位没有什么知识文化的人同时还注意到，这块土地上长满了小松树及其他树苗。于是，他以每亩10美元的价格，买下这块50亩的荒地。在靠近公路的地方，他建了一间独特的木造房屋，并附设一间很大的餐厅，在房子附近又建了一处加油站。接着，他又在公路沿线建造了十几间单人木屋，以每人每晚3元的价格出租给游客。餐厅、加油站及木头房屋，使他在第一年净赚1.5万美元。

第二年，他又大规模扩张，增建了50栋木屋，每一栋木屋有3间房间。他把这些房子出租给附近城市的居民们，作为避暑别墅，租金为每季度150美元。而这些木屋的建筑材料根本不必花他一毛钱，因为这些木材就长在他的土地上。这样一来，这块被那位高校的院长认为毫无价值的荒地，却带来了滚滚的财源。

据说，那些木屋独特的外表正好成为了他的扩建计划的最佳广告。一般人如果用如此原始的材料建造房屋，很可能会被认为是疯子，但故事还没有结束，在距离这些木屋不到5公里处，这个人又买下了占地150亩的一处古老而荒废的农场，每亩价格25美元，而卖主则相信这个价格已经是最高的了。

这个人马上建造了一座100米长的水坝，把一条小溪的流水引进一个占地15亩的湖泊，在湖中放养许多龟，然后把这个农场以建房的价格出售给那些想在湖边避暑的人。这样简单的一转手，使他共赚进了2.5万美元，而且只花了一个夏季的时间。

这个有远见及想象力的人，从未受过正规的“教育”，未踏进过高等学府的门槛。所以，我们牢记这个事实：只要能开动脑筋运用各种知识，“无知者”也可以收获劳动的果实。

据说，后来那位以500美元的价格售出50亩“没有价值”土地的高校院长说：“想想看，我们大部分人也许都会认为那人没有知识，但他把他的无知和50亩荒地混合在一起之后，所获得的年收益却远超过我靠所谓的教育方式所赚取的5年总收入。”

所以，在生活中要学会用独特的眼光和魄力去分析、研究事物的根本，这样才能做出正确的决定。在很多时候，明智的选择往往比教育和知识更重要。

美国通用汽车公司曾是世界上首屈一指的汽车生产企业，其规模之大、牌子之响，在汽车行业无与伦比。1984年，通用出售各种车辆830万辆，销售总额达839亿美元，纯利润45亿美元。

但是，随着世界石油危机的加剧，汽油价格的上涨，又加上世界汽车行业的竞争日益激烈，通用汽车公司的日子越来越不好过。通用公司生产的汽车本身油耗大，又多属豪华型，价格昂贵，在激烈的市场竞争中连连败北，越来越站不住脚。1991年，公司负债竟达到30亿美元。

后来，史密斯出任通用公司董事长后才为该公司带来了新的希望。史密斯经过仔细斟酌之后，下定决心，及时调整策略。他采取的第一个动作就是迅速地“加入到他们中间去”。

经过谈判，通用汽车公司与日本丰田公司签订了一项协议，在加利福尼亚的分厂生产25万辆由“丰田”设计的轿车，以通用的“雪佛兰”牌在美国市场出售，利益均分。

丰田公司见大名鼎鼎的通用公司甘愿拜倒在自己脚下，自然万分高兴，仿佛自己的身价一时也高了许多似的。

然而就在此时，通用汽车公司已经在暗地里筹建自己的轻型车制造公司——农神公司。为了防止自己的传统市场和本来的“农神”市场被日本汽车挤占，通用及时为“农神”正式上市进行了试销。

通用公司充分利用了这暂时合作的策略，为自己赢得了时间，赢得了市场。通过试销，客户开始接受通用公司的新型汽车。通用公司立刻抓住时机，投资几十亿美元，筹建农神公司。

农神公司采用了新颖的自动化设备，专门生产外型轻巧、耗油量小的小轿车，其质量和价格与日本产品相差无几。就这样，经过几年努力，通用公司终于又在美国汽车市场中站稳了脚跟。

世人赚钱的方式有两种：一种是用力，一种是用智。肩挑背负使力气，这就叫做体力劳动，一般的人，只要有体力和耐力，都能胜任；用智则和用力气不一样，只有那些有头脑的人才能走这条路。

赚钱需要有好的构想和方法，这一点已受到众多生意人的认同。做生意和写小说基本很相似，有好的构思是一篇小说成功的关键，做生意有好的构思才能使自己的生意有理有情。

7.行业选择的禁忌——众多商家起步时常犯的毛病

有一位从12岁就开始写诗的诗人，一直迷恋着18世纪法国贵族沙龙式的艺术氛围。他没有豪华的住宅，没有宽大的客厅，也没有空旷的庭院。于是，他设想开一间书店，一间沙龙式的书店，每个星期举行一次聚会，讨论的主题关于诗、学术、书籍。后来，他说服了其他几个朋友，集资在市区的旁边开了一家名为“兰波”的书店。

书店的特色引起了记者的兴趣，他们正苦于无料可炒，而这样的题材正好可以作为大众化的媚俗时代坚持自己理念的不俗事迹进行报道，不愧为一种“坚守精神家园”的象征。于是，各种媒体都发布了关于“兰波”书店的话题报道，一时间也吸引了一些文化人到这里来聚会。然而，7个月又21天后，“兰波”倒闭了。

它的倒闭在预料之中，因为它的成立和运作建立在一些动听而又虚浮的愿望之上，离实际距离遥远。首先，“兰波”的经营者没有考虑到适合它的这个有钱且有品味的消费阶层尚未形成；其次，设店地点选择在郊区，学术的讨论可能固然不错，但要求每周坐公车或骑单车走那么远的地方，少有人能够坚持；最后，它开在街市中，曲高和寡，难觅众多知音。

“兰波”的失败败在梦与现实的边界没有分清。现实的东西也许不如梦那般美好，甚至有几分残酷，但现实就是现实，你不遵从它，就只能陷入失败的僵局。

一个人在择业时，首先要有一个长远计划。可有了长远规划的蓝图，还必须从近处着手，从现实着手，才能脚踏实地，不断发展。脱离现实，这是择业的禁忌。一旦犯了这些禁忌，就会白忙碌一场，到头来一事无成。

在选择行业进入市场的过程中，有一些问题是众多商家起步时常犯的毛病，为了引他山之石，攻己之玉，以下是几点禁忌，以供借鉴：

(1)不懂装懂，自以为是。

“金无足赤，人无完人。”人总是有所长有所短，有所能有所不能。一个人不论如何聪明，他要经商时也同样需要从头学习经商的知识，向他所选择的行业的专家请教。自以为懂，不认真学习而自以为是地干，其结果往往是一开始便倒下来摔跟头，被迫在痛苦中学习。在行业的选择中，你可能对所选行业的一些具体细节不甚了解，而且这并不局限于你自身的行业，因为现代行商处贾，须涉足众多的专业领域如法律、财会、广告、策划、营销、技术、工艺、开发、设计……而一个人不是全能的，不可能样样都精通。这时候，你需要这方面的专家。你需要做的是对方方面面都有所了解，略知一二，不一定需要熟悉所有的细节，但要能够把握一些规律性的东西，能与专家沟通、交流。

中国联想集团是中国计算机产业的佼佼者，是能够与国外计算机公司抗衡的中国计算机集团公司。联想集团的成功原因是多方面的，其中有一点在联想的发展史上是不能抹杀的，那就是联想的创始人柳传志在最艰苦的创业时期，犹如《三国演义》中刘备“三顾茅庐”请诸葛亮一样，诚聘著名科学家、发明家，后来被称为“中国联想微机汉卡之父”的倪光南教授。作为国内一流的计算机专家，倪光南教授的加盟，使当时还名不见经传、刚起步的小公司有了生机和希望。

联想集团十多年发展的历史充分证明，联想的创始人是有远见、有眼光的。因此，现代商人需要专家的扶持，当你遇到不够明确的事时，不要逞强，不妨听听专家的意见，他毕竟比你我懂得多。

(2)盲目追随潮流。

一些最初下海经商的人，往往有点晕头晕脑，眼看着东一阵西一阵的风行，不知该跟随哪阵风跑。这并不奇怪，随大流当然比较安全，往热闹的地方钻也是人的本性。诚然，这份热闹固然有许多好处，然而，也可能有危险，不是有句话，叫“人多处不一定是好去处”吗？

还记得十多年前遍布神州大地的那阵“呼拉圈热”吗？小小的塑料管做成的圆圈，居然使那么多男女老少如痴如醉。但呼拉圈热不到4个月就降温了，普通百姓也从此淡忘了它。但是，对于涉足呼拉圈制作与买卖的人来说，至今恐怕还是记忆犹新。最先进货的可能赚了300%，甚至

1000%的利润，使一些昨天还是街头叫卖的小商贩一下成了上万上十万的小老板；而后来跟着别人跑的人，有的是入不敷出，有的是血本无归。

出现如此大的差别只能怪后者盲目跟风跑，被风甩了还不知道。风的特性是一会儿有一会儿无，时而东时而西。聪明地看准风向，见风使舵，可有人待闻风而动时，风已拂面而去。

几年前的VCD大战保健品大战均是跟风所至，损兵折将者大有人在。远离热闹，保持清醒，可能寂寞，但却有一份观察的从容与距离，能够清醒地明白别人在做什么，自己想做什么。有时候，不去凑热闹，可能会为自己赢得意想不到的东西。所以，我们在择业之前，一定要三思而行，切不可鲁莽！

8.学点理财，选择金钱的合理增值

张平40多岁时，移居去了美国。大凡去美国的人都想早一点拿到绿卡，所以张平刚到美国3个月，就去移民局申请绿卡。

一位比他早先到美国的朋友好心地提醒他："你要有耐心等。我申请都快一年了，还没有批下来。"

张平笑笑说："不需要那么久，3个月就可以了。"

朋友用疑惑的目光看着他，以为他在开玩笑。

可是，3个月后，他去移民局，果然获得了批准，填表盖章，邮差给他送去了绿卡。

他的朋友知道后，十分不解："你年龄比我大，钱没有我多，申请比我晚，凭什么比我先拿到绿卡？"

张平微微一笑，说："因为钱。"

"你来美国带了多少钱？"

“10万美元。”

“可是我带了100万美元，为什么不给我批反而先给你呢？”

“我的10万美元，在我到美国的3个月内，一部分用于消费，一部分用于投资，一直在使用和流动，这个在我交给移民局的税单上已经显示出来了；而你的100万美元，一直放在银行里，没有消费变化，所以他们不批准你的申请。”

原来，美国是一个十分注重效率和功利的国家，你要对美国的社会经济发展有益，美国才会接纳你。

其实金钱好比肥料，如不撒入田中，本身并无用处。对个人来讲，金钱只有用来投资和消费才能显示出其根本的价值，发挥应有的作用。这样，你才能使自己与仅知道把钱存起来的“守财奴”区别开来。所以，在金钱的观念上，我们要恰如其分地选择与放弃，才能合理地支配它，也才能使它被充分地利用起来。

“吃不穷，穿不穷，算计不到就受穷。”一句中国老话指出了“算计”在生活中的无比重要性。如果我们仅仅局限于“能挣会花”的第一步，只懂得挣钱而不会“算计”，也就是不会正确地花钱，往往最终还是要感受金钱的窘迫。

富人何以能在一生中积累下巨大的财富？他们到底拥有什么致富诀窍呢？有人做了深入的探讨，并对改革开放以来涌现的“大款”做了调查，得出了一个结论：他们中1/3的人靠继承，1/3靠创业积累财富，另外的1/3是靠理财致富。而综观芸芸百姓，诞生在富裕之家的毕竟是少数，而全社会能创业成功的比率也少之又少。因此，理财得当才是市井小民最好的致富途径。

假定有一个身无分文的20岁年轻人，从现在开始每年能够积蓄1.4万元，如此持续40年，并将每年存下的钱用做投资，以年均20%的投资收益率算，到60岁，他能积累起1.0281亿元的财富，这是一个令大多数人都难以想象的数字。亿万富翁可以如此简单地产生，真是不可思议！

投资理财其实没有什么复杂的技巧，最重要的是投资观念，观念正确才能赢。但从另一个角度看，投资理财又是件相当困难的事，它之所以困难，并不是因为需要高深的学问，而是理财者必须经常做一些与大众习惯背道而驰的事，这对绝大够数人而言并非易事，从而导致大多数人与富翁无缘。

理财能帮你实现致富梦想，下定决心理财吧。理财并不是一件困难的事情，困难的是自己无法下定决心理财，如果你永远不学习理财，终将面临坐吃山空的窘境。

推荐阅读：

能抓住金钱的六种个性

数字心态

也可以称之为零度心态。也就是说，面对金钱本身，既不能有情感的介入，也不能有思考中其他因素的干扰。否则，你可能获得的金钱会大大减少，因为它要为情感和杂念付出很多——对于礼仪之邦的中国人尤其要注意这一点。

勤奋细致

金钱不纯粹是智力的结晶，它需要通过辛苦的劳作去获取。金钱的数额是以“1”为单位累积起来的。所以，亿万富翁也不可小觑“1”这个数字。对“1”的态度最能体现一个企图致富者的赚钱意识，并强烈地预示了他的前景。赚钱的事业最忌讳的是妄想和奢侈。

吃小亏占大便宜

这是一个交换规则。它意旨以小部分的付出，换取更大的利润。这没有什么不对。试想，如果一个人做生意付出和获得对等，谁还去赚钱？谁还能赚到钱?但在这里要强调的是,想赚钱,你首先必须付出——如果一个人只想赚钱,不想付出,赚钱对他只能是一场梦。

强烈的欲望在这里不是贪得无厌的意思,而是指追求的强度。没有赚钱欲望的人,对金钱没有一种与生俱来的追求的人,怎么可能赚到钱呢?

懂得钱如流水的道理

还有句话说:钱如流水。金钱确实流动如水,它永远在不停地运动、周转、流通,财富就产生在这些过程中。像过去那些土财主一样,把银子装在坛子里埋在房基下面,过一万年还是只有这么多银子,丝毫也没有增值。

共同发财的胸怀

一个只想自己赚钱,丝毫不顾及别人,甚至嫉妒别人富有的人,很难获得金钱。因为他在未获得金钱之前,已经丧失了人格。连“人”都不是了,怎么还能谈赚钱呢?

不能把金钱作为衡量人的唯一标准

不论是过去、今天,还是未来,一个人拥有金钱的数量,确实可以在一定程度上说明这个人成功的程度,但它不是做人唯一的标准。因为,尽管人的生活需要金钱,谁都得想办法赚钱,但是,每个人生活的重心毕竟不同,即使他本来就是一个以赚钱为业的人,虽然他拥有的金钱数量并不太大,但是他也许还有另外一些更优秀的方面。所以,如果把金钱作为衡量人的唯一标准,其结果第一是容易伤害人,第二是自己会误入歧途,最终走向一条悲惨而无助的道路。要懂得精神与知识的重要性,不懂得这一点的人,在商场上绝对只会昙花一现。

一句话:想入钱门,先过人关。

财富的积累过程也是人性格修炼的过程,老实人要扬长避短,让自己在精神上和物质上都得到更好的满足。

第五章

有选择地结交朋友，巧处世妙办事

想在这个激烈竞争的社会中立足，仅凭自己的力量单打独斗是远远不够的，必须有其他人相互扶持才行。所以，拥有良好的交际网，是一个人取得成功的必要条件之一。而在交际中如何选择、如何放弃，不仅体现着一个人的交际能力，更影响着他的生活。培养高超的社交艺术，是每个梦想成功的人必须做的。

1.选择换位思考，放弃独断专行

生活的智慧告诉我们，独断专行者最容易出差错，我行我素者难得有善终。而那些懂得换位思考的人，不仅自己过着幸福的生活，也让那些和他交往的人觉得自在和舒服。

善于观察的人都知道，猫和狗是仇家，见面必斗，起因很可能是阿猫阿狗们在沟通上出了点问题。

摇尾摆臀是狗族示好的表示，而这种“身体语言”在猫儿们那里却是挑衅的意思；反之，猫儿们在表示友好时就会发出“呼噜呼噜”的声音，而这种声音在狗听来就是想打架的意思。阿猫阿狗本来都是好意,结果却适得其反。

但从小生活在一起的猫狗就不会发生这样的对立,原因是彼此熟悉对方的行为语言含义。所以,进行换位思考,进行有效沟通十分重要。

现在的人,自我意识很浓,都喜欢从自我的角度去看待一件事物,经常用自己的主观意识做出判断,注重的是自我感受,很少在意别人的想法与感受。主张换位思考,就是让自己多站在别人所处的位置想一想,去感受别人的感受,从而寻求解决事情的最佳方法。

沟通之前,多一点换位思考,有助于了解彼此的想法和心情,使双方能够相互地理解和支持。不能总自以为是,以“我的就是对的”的想法来看待问题,这样得到的结果只会是偏执和激进。换位思考有助于自己更加清楚透彻地看清事情的全面性、合理性,同时也能让自己多一份理解多一份宽容。

欲求对方的理解,首先要理解对方。人人都希望被了解,也急于表达,却常常疏于倾听。有效的倾听不仅可以获取广泛的准确信息,还有助于双方情感的积累。当我们的修养到了能把握自己、保持心态平和、抵御外界干扰和博采众家之长的境界时, 我们的人际关系也会上一个新台阶。

有时,我们是在为别人想,可当事情的后果不如我们所想象或期待时,我们就会觉得委屈。那么,是别人真的不明白我们呢,还是有其他原因呢?仔细地加以分析,我们会发现,这种换位思考并不是真正的换位思考,而是以本位主义来了解别人的想法及感受,这并非真正为别人着想,因为它忽略了对方真正的想法及感受。这种做法缺乏尊重——尊重别人的责任,尊重别人的能力,尊重别人的自主权。所谓的“好心办坏事”就是这种。

《论语》中有这样一句话:“己所不欲,勿施于人。”意思是:自己不喜欢的事,就不要强加在别人身上。我们在人际交往中,要善解人意,对人持平等、尊重和友善的态度。采取什么方式对待他人，先要设身处地地想一想，如果自己是对方，是否愿意受到这种对待。如果我们不愿意，那么我们就不能以此对待别人。

战国时期，梁国与楚国毗邻，两国在边境上各设界亭，亭卒在各自的地界内种了西瓜。梁亭的亭卒勤除草、勤浇水，瓜秧长势很好；楚亭的亭卒懒惰，瓜秧又细又弱。

楚人出于忌妒，趁夜越过边界把梁亭的瓜秧全部扯断。梁人发现后气愤难平，报告县令宋就，并准备把楚亭的瓜秧扯断。

宋就说："楚人这样做很卑鄙，可是，我们明明不愿他们扯断我们的瓜秧，为什么要反过来扯断人家的瓜秧？别人不对，我们再跟着学，那就太狭隘了。从今天起，你们每天晚上偷偷给他们的瓜地浇水，让他们的瓜生长得好。"

亭卒觉得宋就的话有道理，便照办了。楚人发现自己的瓜秧长势一天好似一天，很高兴。仔细观察，发现每天瓜地都被浇过，而且是梁国的亭卒悄悄为他们浇的。楚国的边县县令听到亭卒的报告后，既感到惭愧又非常敬佩，便把这件事上报给了楚王。楚王听后，深为梁国修睦边邻的诚心所感动，特备重礼送给梁国，以示自责，表示酬谢。结果，原本敌对的两国成为了友好邻邦。

换位思考就像是魔法石，改变并润滑着人与人之间相处时的磨合，构筑了人类沟通的平台。

学会换位思考，应对自己多加约束、多加限制，对别人多加宽容、多加体谅。遇到问题从多种角度去思考、去认识，必将收到事半功倍之效果。

换位思考，它是一个最基本的道德教谕。古往今来，从孔子的"己所不欲，勿施于人"到《马太福音》的"你们愿意别人怎样待你，你们也要怎样待人”,不同地域、不同种族、不同宗教、不同文化的人们,都说着大意相同的话。换位思考是人类经过长期博弈,付出惨重代价后总结出的黄金法则。没有人是一座孤岛,社会是一个利益共同体,我们是同一棵树上的叶和果。克鲁泡特金在《互助论》中证明:“只有互助性强的生物群才能生存,对人类而言,换位思考是互助的前提。”

换位思考的结果,就是双赢。深刻的道理,往往是简单的;而简单的道理,真正做到了就不简单了。如果我们能时刻站在他人的角度思考问题,体验他人的情感世界,我们就能融洽、友善地与人相处。

2.情感投资是成功的保障

为人处世最重要的便是情感投资。在平时,多讲一点具有人情味儿的话,有助于你的人生之路越走越宽。

三百六十行,不管在哪一行,有哪一个成功者敢说自己的成功完全源于自己,没有别人一丝一毫的功劳?

1988年的一天,建筑部的经理向香港富豪李兆基提及承接恒基集团一项工程的承包商要求他们补发一笔酬金,遭到了建筑部的拒绝。

李兆基便问:“那个承包商为什么要出尔反尔呢?一定有他的原因吧?”

“是的,”建筑部的经理回答,“他说他当初落标时计错了数。直到如今结账时,才发觉做了一单亏本生意。”

本来,这桩买卖是签了合同的,有法律保障,大可不必对此进行处理。

李兆基却说:“在市道不俗时,人人赚到钱,唯独他吃亏,也是够可怜的。法律不外乎人情,承包商是我们的长期合作伙伴,反正这个地盘我们有钱赚,就补回那笔钱给他吧,皆大欢喜!”

由此可见,注重人情投资也是做人的一项基本功。无论做什么事,一定要讲究点人情味儿。同事,是一个人事业上的合作者;下属,是一个人事业上的垦荒人。要想成就一番大业,就必须获得他们的大力支持与帮助,让他们也获得必要的利益。只要大家众志成城,还有什么样的困难不能被克服呢?

李兆基之所以能成为亿万富翁,做出那么大的事业,与他善于运用人际关系技巧有着十分重要的关系。

凡是跟李兆基共过事的人都对他赞不绝口,认为他是最照顾伙计利益的好老板。

为了取得同事的精诚合作,李兆基总要给几位左右手一些机会,让他们注股于一些十拿九稳的房地产计划,赚到比薪金多几倍的利润。使同事分享业务的赢利,感受到做生意的乐趣,对士气肯定会有良好帮助,这是李兆基的一贯态度。

有一次,李兆基拿出某地产项目的15%让身边的5位好伙计参股。结果,有一个人没有那么多钱,只好把股份舍弃了2%。

李兆基知道了这件事,在问明原委之后,对他说:“我有机会赚1万元,都希望你们赚100元。这样吧,我把名下2%的股份让给你,股本暂时算你欠我的,等将来赚到钱,你再偿还给我吧!”

于是,大家都赚到了钱。对于李兆基来说,真是本小利大。付出小小的钱,就能赢得一团和气,令双方合作愉快。

对于下属,李兆基同样是善用人情,巧妙关怀,扶危济急,赢得一片忠心和无限感激。

总之,善于运用情感投资的人,不仅能让自己收获财富,还能在无形中提升自己的地位，受到人们的爱戴。一个人能拥有如此美事，还有什么不满足的呢？

3.对于别人的意见，要选择性地听

为人处世，有一条很大的忌讳，就是“耳朵根子太软”，盲目地听信别人。

《孟子·离娄篇》中说：“人之患，在好为人师。”如今，喜欢帮人出主意的人越来越多，他们积极主动帮你想办法，热诚感人，但要如何面对他们的“好意”呢？

(1)学会虚心倾听他人意见。

俗话说：“忠言逆耳利于行。”假若我们能够放下那颗虚荣心，认真听取别人的意见，肯定能够从别人的意见里，发现自己的许多弊端，这些弊端又是达成成功人生所必须克服的，所谓“以人为镜”正是这个道理。

你一定要记住：知道怎样听别人说话，以及怎样让他敞开心扉谈话，是你制胜他人的唯一法宝。

人的能力毕竟是有限的，肯定有许多东西是我们个人所无法了解的，通过倾听别人的谈话，我们可以获取许多有用的信息，可以分享他们的知识和经验。而你所得到的是别人的好感与支持，没有人喜欢别人总是驳斥自己。

对于大多数人来讲，人生中的大多数经历很容易忘怀，能在记忆中深深烙下的都是刻骨铭心的经验。所以，如果你能有幸倾听他最宝贵的东西，无疑会极大地丰富自己。

学会倾听，绝对不是一言不发，那样对方会感觉自己是在对牛弹琴，觉得索然无味。因此，更恰当地说，你应该学会引导对方谈话，诱导他说出他想表露的一些真实的东西和看法。

由于虚荣心理，许多人害怕别人发现自己的不足，害怕会遭到拒绝。要想让对方开启心扉，首先应该让他消除自己的顾虑。一旦别人发现和你在一起很安全，而你又打心眼里赞赏他时，他便会向你开启心扉。

每个人都需要有人一起分享他的感受，可又害怕一旦向人表白，会得不到共鸣，甚至会被人看作悲惨、残酷和自私。假若你相信自己也是自私的，对别人侵犯你的个别行为，站在同一立场上，即使不能接受，也应加以考虑。因为人们的基本情感都是大同小异，无非爱、恨、恐惧等，甚至还会不时掠过一些罪恶的念头。接受这些并不可怕，因为这才是人的本来面目。

如果你能做到这一点，无形之中便能赢得对方的心，因为对方会觉得自己的情感有人理解，进而全身心地支持你。这对你的成功将起到不可估量的帮助。

当然，有一点值得你注意，当别人向你吐诉心声后，往往期待着你能为他保守秘密。你绝对不能以此为条件去要挟他，更不能随意地把他的经历告诉别人。一旦他发现你粉碎了他对你的信赖，你将会永远失去他的支持。

(2)分辨谁是真正的“老师”。

有些人见你在工作中不大顺心、怀才不遇，就“好为人师”地劝你该如何争权和争表现的机会；也有些人见你在感情上不大顺心，两性关系走得坎坷，“好为人师”地提醒你该如何经管、如何掌控；还有些人“好为人师”地劝你该去运动、美容、塑身、买房子……他们不但劝，有时还拿一堆资料给你，甚至主动牵线，让你觉得不照着做，自己就是个罪人，会伤了他的心。

与这些热心人士打交道，首先要不断表示感激，在人情淡薄、人心自私的时代，得到他们如此的关心，实在难得，若拒人于千里之外，难免让人心寒。

其次要确认对方是否真具有在那个领域“为人师”的资格：如果他升

迁顺利、事业成功,他有关工作的建议就可多听听;他婚姻幸福、家庭美满,一定有独到之处,可以多采纳他的建议;他对某一领域有深入研究,许多人都推崇他,那他在该领域中的意见应该是比较可行的。

相反地,若对方既没有专业技能,又没有好品德,那就得防着点。有人只是爱讲话、半瓶醋、好管闲事;有人暗藏鬼胎,另有阴谋;有人借机推销,先出主意再卖东西……这些人不配"为人师表",你我当然不必言听计从,做实验品或牺牲者。

况且,生活中专有一类虚伪的小人,貌似热情慷慨,实际却用心卑劣。在他甜言蜜语地向你献策、"支招儿"的背后,说不定藏着什么险恶的目的,比如:通过你充当某种工具,拿你当枪使,去实现他不可告人的企图。如果你真的听信了他的话,那就是天大的傻瓜!

话又说回来,"师父领进门,修行在个人",即使对方再好心,他的主意再好,也只是领你进门,往后的路还得靠自己!这些热心的意见会渐渐变得不重要,日后碰到了问题,还是向真正专业的人请教为宜。

(3)卸掉人情包袱。

让朋友欠个人情并不是件太难的事,同样,你也可能欠下朋友的人情。

人情是必须回报的,但是,如何回报,何时回报,回报的代价是多大,却从来没有什么定规。如果你欠了小情,却还了大的,岂不吃亏?如果你欠久了,难以还,成了负担,岂不糟糕?所以,你既要学会"做人情",又要努力使自己避免欠下朋友的人情。

《论语》上说:"惠则足以使人。"意思是说,给人恩惠,就足以使唤人了。所以,对朋友的小恩小惠、大恩大惠要慎重,能不接受的尽量不接受。"吃了人家的嘴软,拿了人家的手短",这一短,若想再长起来,就必须替朋友办事。

朋友之间来来往往,提点礼物,挺正常,不在上述之列。带有明显功利目的的朋友,是可以看出来的。今人与古人不同,今人的生活速度已提高许多，请朋友办事的速度也大大提升。假如一个并不经常见面的朋友，却在一天忽然登门，你可千万别奇怪；或者常见面的好友，带的礼物超乎平时的贵重，你也要心里有数。

中国人讲面子，带来的东西，你不收，就是不给他面子，盛情难却之下，你可以暂时收下，但必须将这个人情送出去。你要去回访他，带着差不多的恩惠，两下扯平，也不会伤了和气。

朋友请你办事的第二种手段，就是请你吃饭。东西送上门，你不能不给面子，吃饭却得预约，这就让你有了许多理由去推脱掉，但脑袋要转得快些，推辞要讲得委婉些。

脑袋转得快些，知道对方是谁，弄清关系网，搞清朋友圈，然后再想想该接受还是该推掉。

然而，有的人就爱打肿脸充胖子，自认为自己特别能干，朋友一求，马上拍胸脯保证，更有甚者，明知自己办不成，还硬往自己身上揽。

三国时的蒋干就是这么一个人。他自以为了不起，认为自己的口才可以同春秋战国连横、合纵的雄辩天才相比。他向曹操自荐，说自己可以去说服周瑜投降曹操，而且信心十足，青衣小帽，再加一个书僮、一叶扁舟，就去见周瑜了。周瑜是何许人也？年纪轻轻便能统帅百万军队，岂是一个同窗的说士可以动摇的？他来至周瑜的兵营，连三句半都没说上，便被周瑜玩得团团转，最后走得也不正大光明，带回的密信让曹操上了当，损失了两员大将。

所以，千万别逞强，那只会将事情搞砸。办不成的事，要老实地说，没什么不好意思的。

朋友之所以来找你，就是因为他自己办不成。别为你帮不上别人的忙而不好受，与其搞砸一件事，还不如让他另请高明。

4.别指望左右逢源,选择做你该做的

当你告别了孩提时代,初谙世事的时候,你发现许多大人们善于揣摩领导的心思而投其所好,八面玲珑地待人接物而左右逢源。于是,你也“东施效颦”,想修炼出一副老成持重的尊容,想拥有一副叫人一看就悦目的面孔,甚至自己将自己改造得面目全非,完全仿效他人以首长的车型评论其级别,以女子或男子的经济基础、上层建筑论婚配,以路人的穿着评论其地位,以上级的职务权力论其轻重,以朋友的利弊关系定论亲疏……然后以相应的“对策”来“对付”对方。

于是有了吹捧或蔑视、高贵或低贱、热情或冷淡、用得着或没用等待人心态。然而,你终究没成“正果”,哪怕一次小小的疏忽也让人不能原谅,你仍是四面楚歌,活得很累很苦。

这类人做任何事总想取悦所有的人。当他具体处理某一件事时,首先考虑的就是:我怎么做才能赢得大家的好感呢?于是,他开始时时刻刻揣测别人对他的要求。

结果,他完全不知道自己怎么去做、自己需要什么,陷入了无所适从、进退维谷的泥沼。他总是失望,因为他不可能满足每个人的要求。

一般来说,会这么做的人有以下几种心理:

其一,不想得罪任何人,甚至想讨好每一个人,至于是非对错,不管;

其二,本身就是没有主见的人,无法分辨是非对错,所以谁说得有理,就听谁的。

不管是什么样的心理,这里要告诉你的是:想面面俱到,不得罪任何人,那是绝对不可能的。

在做人方面,你不可能顾到每一个人的面子和利益,有时你认为顾到了,别人却不这么认为,甚至根本不领情都有可能;在做事方面,你也

不可能顾到每一个人的立场，每个人的主观感受和需要都不同，你要让每个人都满意，就会有人不满意。

想要做到谁都讨好，结果只有两个：

第一，为了面面俱到，反而把自己累死，而因为怕对方不满意，还得小心察颜观色，揣摩他的心思，其中辛苦可想而知。

第二，别人摸透了你想面面俱到的弱点，便会软土深掘，得寸进尺地需索要求，因为他们知道你不会生气，于是，你就变成了人人看不起，给人好处别人还不感谢的天下超级大笨瓜。

那么，该怎么做？

做你该做的——也就是说，你认为对的，你就要不受动摇地去做，参考别人意见时要看意见本身，而不是看别人的脸色。这么做有时确实会让一些人不高兴，但你不受动摇，却可赢得这些人事后的尊敬，毕竟人还是服从公理的，除非你的坚持纯是为了私心。

这么做，会有人称赞你，也会有人骂你，但想面面俱到的人，结果是每个人都笑你。

该说“不”时就说“不”

人与人的交往呈现着多种不同的面貌，能够得心应手、应对合宜地处理交往问题的人似乎寥寥可数，这也正说明了处理人际关系的不易。因而，不知如何应对的情况，总是常出现在我们的周围。

在众多难以应对的情形中，最令人感到头疼的情况就是拒绝对方的请求。

面对需要拒绝的情况时，最难处理的是既不能轻易地答应，又无法干脆地说“不”。常受人请托的人往往会受到相当正面的评价，所以有些人认为，倘若拒绝别人的请求，恐易对自我价值产生负面的影响。于是，拒绝与否在取舍之间便难以掌握。如此一来，原本帮忙的意愿不高，却又勉强答应，结果发生后悔的情形就相当常见了。

事实上，那些考虑形象会遭受影响的理由，只是一种借口。意志不坚的人,总认为断然拒绝对方的请求,未免显得太过无情。但难以履行诺言时,再改变心意拒绝对方,显然已经太迟。因为,等无法做到允诺的事情再予以拒绝,给人的印象会更糟,甚至需要付出相当的代价去弥补缺失或兑现承诺。如果这件事只限于个人的烦恼, 还称得上不幸中的大幸;若因此事而与要求请托的对方发生不愉快,甚至产生怨恨、敌视,演变成双方人际关系上的对立与冲突,岂不更得不偿失?

固然,一开始即斩钉截铁地说"不"委实不妥,但也不要因此而放弃你拒绝的权利,即使这样做会破坏他人对自己的期望或好感。先把这一点搞清楚,然后尽早设法向对方恳切地表白,才是真正的相处之道。

也许如此一来,请求你的人可能会暂时表现出失望,但总比中途反悔要好得多。所以,在考虑答应对方的请求前,应先仔细盘算自己能力是否能及。如果答案是否定的,不妨想想:一旦失约,对方就会对自己产生不信任感。那么,即使很难做到,也势必得鼓起勇气将之拒绝。

拒绝别人的请求,绝不是一件有失颜面的事情,所以无需为此感到不好意思。最重要的是能清清楚楚地将不能答应的原因说明,以消除对方可能产生的误解。至于对方有何反应或看法,就看他的为人如何了。不过你决断与明智的拒绝态度必然会受到某种程度的肯定。

倘若你不仅具备了拒绝的勇气, 同时还具有为对方设想的智慧,那么,你已经掌握到拒绝的艺术诀窍了。

如何为对方设想呢?譬如,自己帮不上忙的事,也许自己所认识的人有这个能力。此时,不妨运用自己的人际关系为对方铺路。如果成功的话,对方必定会对你深表感谢;即使失败了,对方亦会自觉不宜过分强人所难而打消对你的请求,并有感于你的诚意。

"骂人"要讲究艺术性

人不能没有脾气,一天到晚满脸堆笑,也实在累得慌。俗话说:"狗急了跳墙,兔子急了咬人。"既然你决心以强人的姿态去做一匹狼,就得在适当的时候"黑"下脸来,比如:该骂就"骂"。

然而，“骂人”是一种高深的学问，不是人人都可以随便试的。有因为“骂人”挨嘴巴的，有因为骂人吃官司的，有因为骂人反被人骂的，这都是不会“骂人”的缘故。

“骂人”要骂得好，有十大要点：

知己知彼：打人一拳，先要忖度自己是否吃得起别人一拳。别人若有某种短处，而足下也正有同病，也得割爱。

无骂不如己者：要挑比你大一点、漂亮一点或比你坏但更为得势的人物骂，他肯对骂，你就算骂着了，因为身份相同的人才肯对骂。骂比你差的人自然如教训人一般。

适而可止：骂大人物骂到他回骂为止，骂小人物骂到他不能回骂为止。否则，或以为你无理取闹，或以为你欺负弱者，过犹不及。

旁敲侧击：指着和尚骂秃头是笨蛋，要烘托旁衬，越骂越要原谅他，还可以说些恭维话，紧要处一语便得，以此显得真实确凿、颇有肚量。

态度镇静：切忌浮躁。面红筋跳、暴躁如雷的泼妇骂街之术不可取。真善骂者，须避其锋而击其懈，以静制动，轻轻一句话便可牵得对方狂吼不已，再冷笑几声，包管他气得死去活来。

出言典雅：骂要微妙含蓄。上乘骂人，要让人慢慢领悟这句话不是好话，让他笑着的面孔由白而红，由红而紫，由紫而灰。故而，切不可涉及女子生理学的范围；称呼要客气，即使是极卑鄙小人也不妨称他先生；最好用对方自己的词句倒回去，少用俗语，盖其一览无遗也。

以退为进：自己若有理屈之处，不妨开骂伊始便轻轻遮掩过去，道歉认错也不妨；没有，也务必要谦逊不遑，降至不可再降之处，然后重整旗鼓，自有一种公正光明的态度。否则会变成两人私自口角，难判曲直。

预设埋伏：善骂者，要先想想对方会骂什么，会回敬什么，预先把沙包放好，譬如他骂你的话，你替他说出来，这便等于缴了他的械一般。

小题大做：如对方没有或你不知其该当大骂之处，不妨从不值一骂的小题目出发，先用诚恳而怀疑的态度引申对方的意思，由不紧要之点引到大题目上去,处处用严谨的逻辑逼他说出不合逻辑的话,或是逼他说出合乎逻辑而不合事理的话,然后再大举相骂,直到对方体无完肤。

远交近攻:切勿树敌过多,目标要集中,即使牵涉到旁人,也要表示好意,否则回骂纷沓,无从应付。

控制自己的情绪

人是感情动物,所以会有情绪的波动,这是人和其他动物不同的地方。不过,有人控制情绪功夫一流,喜怒不形于色;有人则说哭就哭、说笑就笑,当然,也说生气就生气。

哭笑随意的情绪表现到底是好是坏呢?有人认为这是"率真",是一种很可爱的人格特质。这么说也不是没有道理,因为喜怒哀乐都表现在脸上的人,别人容易了解,也不会有戒心,而且,有情绪就发泄,而不积压在心里,也合乎心理卫生。但说实在的,这种"率真"实在不怎么适合在社会上行走。

有两个理由:

首先,不能控制情绪的人,给人的印象就是不成熟,还没长大。

只有小孩子才会说哭就哭、说笑就笑、说生气就生气。这种行为发生在小孩子身上,大人会说是天真烂漫;但发生在成年人身上,人们就不免会对这个人的人格发展感到怀疑。如果你还年轻,则尚无多大关系;如果已经工作了好几年,或是已经过了30岁,别人就会对你失去信心,因为他们除了认为你"还没长大"之外,也会认为你没有控制情绪的能力。这样的人,一遇不顺就哭,一不高兴就生气,能做大事吗?这已经和你的个人能力无关了。

其次,容易哭,会被人看不起,认为是"软弱",容易生气则会伤害别人。

哭其实也是心理压力的一种舒解,可是人们始终把哭和软弱联系在一起。不过大部分的人都能忍住不哭,或是回家再哭,但却不能忍住不生气。

生气有很多坏处。

第一，会在无意中伤害无辜的人。有谁愿意无缘无故挨你的骂呢？而被骂的人有时是会反弹的。

第二，大家看你常常生气，因为怕无端挨骂，便会和你保持距离，你和别人的关系在无形中就拉远了。

第三，偶尔生一下气，别人会怕你；常常生气，别人就不会在乎了，反而会抱着“你看，又在生气了”的看猴戏的心理，这对你的形象也是不利的。

第四，生气也会影响一个人的理性，对事情做出错误的判断和决定，而这也是别人对你最不放心的一点。

第五，生气对身体不好。

所以，在社会上行走，控制情绪是很重要的一件事。你不必“喜怒不形于色”，让人觉得你阴沉不可捉摸，但情绪的表现绝不可过度，尤其是哭和生气。

如果你是个不易控制这两种情绪的人，不如在事情发生，引动了你的情绪时，赶快离开现场，让情绪过了再回来；如果没有地方可暂时“躲避”，那就深呼吸，不要说话，这一招对克制生气特别有效。一般来说，年纪越大，越能控制情绪，也越不易被外界刺激引动情绪，所以，你不必太沮丧。

如果你能恰当地掌握你的情绪，你将在别人心目中呈现“沉稳、可信赖”的形象，虽然不一定能因此获得重用，或在事业上有立即的帮助，但总比不能控制情绪的人好。

也有一种人能在必要的时候哭、笑和生气，而且表现得恰如其分。这种人控制情绪已到了相当高的境界，你如果有心，也是可以学到的。

任何时候都要保持光明磊落的态度

并不是人格高尚的人才能被称为君子，只要能够保持着稳健朴实的想法，就可以称为君子。

古人说:"君子讷于言而敏于行。"这个"敏于行",照现在的理解就是做事要机灵。嘴上虽然不用多说,但心里却不是一块"死木疙瘩"。万不可一条道走到黑,而要顺应时势,及时调整自己。

所谓顺应时势调整自己,是指受到外在客观因素影响而改变自己的想法,而不是为了迎合他人的想法而改变自己。

真正处世圆滑的人懂得配合不同的对象、不同的场合来改变自己的态度,以最合适的方法让对方接受自己的主张。

心胸狭窄的人要做到这一点很不容易。一旦话说出来就非得强迫对方接受自己的看法,一点转换的余地都没有;对他人的看法也是保持着先入为主的观念,丝毫不曾努力地去发现别人的优点;最怕别人指出自己的不是,如果有人批评他字写得不好看,他就再也不会帮你写文件。

身为现代人,确实需要有包容的胸襟,昨日的敌人也可以变成今天的朋友。即使面对着同样的对象、同样的环境,也还是要能够顺应不同的现实情况来调整自己的态度,这是身为现代人不可或缺的基本交际技巧。这与没有主见、没有原则的墙头草完全不同,要推翻昨天说过的话必须要有充分、合理的理论及根据。如果只是盲目地跟随在别人所带动的风潮之下,却没有观察力与应变能力,这只是迎合世人而并非是顺应时势。

自己的思想、意念并非一定不能改变。外在的客观环境随时都在改变,自己的立场也会因此而改变。只是,你一定要很清楚地了解自己想要什么,以及改变的理由及立场。

在与朋友交往时,最忌讳的就是态度摇摆不定。在你改变态度之前,想想清楚自己是不是有充分而完整的理由。唯有保持光明磊落的态度,才是顺应时势的君子。

5.妥协也是一种“双赢”的选择

在有些场合，争论是难以避免的。倘若遇到强劲的对手，与其两败俱伤，不如退一步海阔天空。适度妥协不失为一种双赢的选择。

古人云，物以类聚，人以群分。从心理学上讲，人都有趋同排异的心理情结，喜欢同和自己志同道合的人交往，排斥与自己的人生观迥异、意见不合的人。当别人提出反对意见时，容易产生抵触情绪，形成对抗的心理。遇到这种情形，人们会下意识地竭力保护自尊，极力贬斥对方，容易动怒，言辞过激，与人发生语言对抗，似乎非要争个输赢。如果双方都是这种心态，就会争得面红耳赤，彼此都难以下台。

基督教文化告诫人们不要选择以恶抗恶。《圣经·新约全书·马太福音》上说：有人打你的右脸，连左脸也转过来由他打。这些话看似简单、充满矛盾，其实却蕴藏着精深的哲理和超脱的思想境界。

上帝可以宽宥罪犯和恶人，普通人为什么不能容忍别人提出反对意见呢？

有一天，退出政坛的英国前首相丘吉尔骑着一辆自行车在街道上闲逛。忽然，一位女士骑着自行车从相反的方向疾驶而来，由于没有刹住车，与丘吉尔相撞了。

“你这个糟老头没长眼睛吗？你到底会不会骑车？”这位女士恶人先告状地破口大骂。

丘吉尔对她的恶言并不介意，只是不断地向对方道歉：“对不起！对不起！我还不太会骑车。看来你已经学会很久了，不是吗？”

此刻，这位女士气已经消了一半，再仔细一看，他竟是著名的前首相。她感到羞愧难当，喃喃地说道：“不，不，您知道吗？我是半分钟之前才学会的,教我的就是阁下您啊。”

一个人在社会交际中,因为这样或那样的原因,总会遇到这样或那样的对手。如果是生命攸关的事情或者涉及原则的事情,倒也值得据理力争;若为一些非原则性问题和寻常小事而大动干戈,那就毫无意义了。一般人却偏偏难以悟得这种道理,常常为一些陈芝麻烂谷子的小事而大打出手,甚至争得你死我活。其实,这些纠葛完全可以用其他方法来处理,换一种方式,也许还能更省时、省心一些。比如,放弃对抗,向争论的对手妥协,就是化解分歧、消灾免祸的一种智慧选择。例如,在双方争论激烈,导致对方情绪失控的时候,不妨向对手扮个鬼脸:“我走了,不陪你玩了。”

当然,人在争论的时候往往情绪激动,想放弃对抗行为并非易事。一方面,你要超越自己狭隘的胸襟;另一方面,有时还需要具备单方面放弃对抗的实力。事实上,只有势均力敌甚至比对手更强,人才容易潇洒而退,并显得宽容大度。其实,争执中弱小的一方也有寻求妥协的可能,有道是“好汉不吃眼前亏”,打不赢就“跑”自古就是实用的选择。向强大的对手妥协,还可以赢得谈判的机会,这并不是怯懦地向对手投降,而是与强手斗争的策略。

从另一个角度来说,生命是有限的,一个人一生要做的事情实在是太多了,何必费时费力地与别人一争高低呢?在工作中或许会遇到合不来的同事,可是工作上又必须要与之打交道,如果抱定不融洽的心态去合作,那肯定是会出问题的;倒不如忍耐几分、大度一点,刻意去发现和欣赏其优点,找出彼此交流的渠道,这样岂不是更有利于事业的发展吗?

6.不要完全接受攻击性的语言，选择权在自己手上

在家里和工作单位，每天都有很多对话。以外在控制为基础的言辞，哪怕只是一句话，也会让人觉得胸口被刺了一下似的。

在急急忙忙要去上班前的一两分钟，妻子说了带有攻击性的话："每天晚上喝完酒回家，早上才会起不了床。"随后，她又把矛头指向孩子："真是，要说几遍才明白啊，让你前一天晚上都收拾好……"这些都是指责人的话。

在工作中也是，经常会听到这样毫不留情的话："那样的计划书可通不过啊！""你为什么老这样啊！"、"顾客可是发火了。"虽然出现这些情况都是有原因的，可是对方什么都不想听，觉得错全在这边而严加指责。

我们对让自己不愉快的言行很敏感，有时候甚至会过于激动地做出反应。能做出反应的还算好，更为麻烦的是，有时候不管是在家还是在单位，不能随机应变地做出反应，这会使自己感到非常不满："为什么那个时候就不能立刻反驳呢？"从而产生很大的压力。

包括自己的感情在内，做出什么选择都和自己有关

可是，为什么会这样呢?知晓了外在控制的弊害，理解了选择理论的有效性，就可以慢慢明白为什么了。外在控制要求在受到攻击(口头攻击)时，要立刻还以颜色，所以原因就在于这种逻辑构成。

然而，根据选择理论，包括自己的感情在内，做出什么选择都和自己有关。也就是说，选择权在自己手上。别人说的话让你不高兴的时候，你如果变得很生气，马上反驳的话就正好中了别人的计。请不要再被拉回外在控制的世界了，最好的防卫方法就是不要感情用事。

有火星掉到身上的时候,我们第一反应就是把它掸掉。而在人际关系中,如果有火星迸发,我们要做的不只是把它掸去,更要进一步考察它发生的原因。换句话说,就是要考证火星为什么会溅在自己身上。要尽可能地在被对方挑衅的语言激怒而准备以牙还牙之前得出结论。

为什么对方要对自己发动口头攻击?你有正确的答案吗?

比如,在结婚纪念日,却应上司之邀去喝酒;和孩子说好了周日去游乐园玩儿,却接到了加班的指示。这样的经验怕是每个上班族都遇到过。

越是工作干得好的人,越是少不了这种事情,因为食言而丢了作为丈夫和父亲的面子。他本人会简单地找托辞说“这也是工作,没有办法”,家人也会表示理解。可是,如果这种情况经常发生,那就不是这样了。俗话说,事不过三。自己期待着的、一直想做的事情因为对方的原因而不能得到实现,或者做了一半而停止,压力和失望就会与期待成正比例地增长。

对家庭而言,“工作”并不是生活的主要方面。如果不把答应家人的事情放在首位,老在最后关头失信,就会让人觉得不讲理,进而对这个不能守约的丈夫和父亲产生不信任感,并觉得他不可原谅。

丝毫不理解这样的心情而做出不当反应的做法是自私的。如果能认识到批评和斥责都是自己招来的,就不会进行任何反驳。我们在家庭和单位中与他人共处,要尽量避免招来他人的不满,这是一种礼貌。如果你不知道这一点,老是喋喋不休地说着自己的意见或者为自己辩解的话,没有人乐意成为你的朋友。

改变自身,让自己变得更强大

如果你没有理解对方的心情,那么对方也不可能理解你。你不会对丝毫不关心你的人敞开心扉。所谓理解对方,指的是在接触中对他抱有关爱、体谅和宽恕之心。当对方有让你讨厌的地方时,如果无奈地去接受,肯定会觉得很辛苦,所以,请把它当作使自己变得强大的一剂良药吧。

与人交往的基础是打招呼、寒暄、对话，也就是所谓的交流能力。虽然说起来是极其简单的事情，但是有人能直率地与人交流，有人却不能。为什么会有这两种人呢？

有人不管别人说什么，都能以笑脸相待，就算别人说的话再尖酸刻薄，他也能谅解；相反，明明是为了他好才说的话，有的人却情绪激动地加以反驳。

从外在控制的角度来考虑人际关系，其特点就是怀有对他人的敌对心、攻击心，或者是恐惧心和警戒心。攻击和防御的逻辑是其核心组成部分，人际关系简直就成了一种"战斗"，这一切都是外在控制造成的。恐惧心和警戒心的强弱和个人的成长经历以及性格有关，极端强烈的恐惧心和警戒心会使人不敢靠近。

如果你的敌对心和攻击心很强烈的话，就会很平静地告诉对方自己讨厌他的某个缺点，这会使别人感到不愉快，使别人受到伤害。

在人际关系中的敌对心和攻击心，以及与之相对的恐惧心和警戒心的强弱因人而异。所以，在与人交往中，我们应该客观地想一想，在别人眼中，自己是容易交流的人，还是不容易交流的人。认可对方、体谅对方的心情比什么都重要。要想和周围的人和睦相处，首先要让自己变得谦虚，变得和蔼可亲，这样才会有开诚布公的对话。

选择愉快的心情，不做被外在控制的猎物

虽然与性格和立场不无关系，可现实生活中就是存在着一种人，他们与谁都相处不好。冷淡、傲慢、强人所难、不愉快、不高兴、神经质、老发牢骚等，随便一说就能举出许多例子来。与这种人接触，不但劳神费心，而且只要做出一点不当的举动，就可能会发生冲突。

如果工作单位有这类人，不愉快和神经质就会像流感一样传染开来，蔓延到整个单位，使气氛变得压抑。但对这种人，我们必须尽量使彼此关系不产生裂痕，与他们好好交往。

首先要请你注意的是，不要成为外在控制的猎物。你的感情是谁都无法控制的，做出什么选择完全在于你自己。请你实践选择理论的基础，选择愉快的心情。

木下藤吉郎被织田信长所赏识，最后终于获得了成功，但他曾经被当作小偷。虽然他运用智慧找出了真正的犯人，解除了别人对他的怀疑，但是由于出身，也就是血统和门第的问题，他经常被人看不起、被人误解。

但也正是这种遭遇，培养了他理解他人孤独感的包容力。如果不是亲身在那种环境中受过苦，是不可能真正了解他人的孤单和寂寞的。没有吃过苦的人缺乏对他人的体谅，也是因为这个原因。

前面说过，所谓关心，是指与笑容和关怀一起表现出来的行动，是充满在整个行动之中的爱。关心不仅仅是怜恤受伤的、沮丧的人，还应该分清楚什么事情应该赞赏，什么事情应该推荐，肯定对方的优点和长处，并且坦率地说出来。在对谁都很热情的基础上，遇到不幸的人时，要更加热情。关心他人就是通过优先考虑他人的权利，然后推测他人的愿望和希望来表现的。

7.在关系中找关系，有选择性地经营你的朋友

悉数你的人脉关系，你就会发现，对你一生的前途命运起重大影响和决定作用的，也许就是那么一两个重要人物。所以，你不可能也无法将自己的时间、精力等平均分给每一个朋友，不可能像对待重要人物似的对待你认识的每一个人。所以，对朋友要有所区别。

说到这里，很多人可能会想：“将自己的朋友区别对待，那还算得上朋友吗，”“是朋友，就该一视同仁。”按照中国人的传统心态来看，对待

自己熟识的或交好的朋友，要奉行无为哲学，谁要是在交往中只注重交往对象的使用价值，势必会被套上“势利”的帽子。

其实，你大可不必这样想。区别性地对待自己的人脉关系，已经成了生意场上的潜规则，这项潜规则的含义是：我们必须对影响或可能影响我们前途和命运的20%的贵人另眼相看，在他们身上，我们要花费80%的时间、精力和资源。

这并不违背交友的初衷。我们交友无非是出于3个原因，即信息共享、情感沟通和相求相助。假如一个人既不能跟你信息共享、感情沟通，也不能同你相求相助，你会跟他做朋友吗？肯定不会。

所以，我们与人交往，也要多考虑自己的人脉是否能为自己所用，以及能对自己起到多大的作用，是否能满足自己事业的现在或将来某段时间的发展需求。如果有这样的人，一定要设法挽留，并尽可能地使之忠诚于与自己间的友谊，使之跟自己的关系更加密不可分。

“朋友”，说白了，就是你帮我、我帮你，大家共同提高，互为有利。而每个朋友给你的帮助有多有少，于是“二八原理”得以产生。为什么有的人，对自己的人脉付出巨大，但回报甚微呢？因为他本末倒置，没抓住事情的重点。

用“二八原理”经营人脉，你的人脉才能发挥出最大的能量，你事业的成功往往就是在这时爆发的。

跟所有人一样，胡汉的梦想也是通过创业建立起自己的一份事业，他做的是建筑行业。一次，他所在的城市要进行基础设施建设改造，他觉得这是他的事业更上一个台阶的大好机会。可是一想，同一个城市符合要求的公司多达十几家，他的企业也不是非常拔尖的，这可如何是好？他绞尽脑汁，审察了自己的通讯录，想看看是不是认识专门管理此工程的负责人。几经周折，他终于在通讯录上找到了一位朋友认识这位负责人。

朋友告诉他，该项工程的负责人有个爱好，就是每逢周末下午必到郊区的鱼塘钓鱼。于是，胡汉探明地点，也带上渔具，准备做一回姜太公，钓一条大鱼。他先是不出声地在旁边看着负责人垂钓，每当负责人钓上一条鱼，胡汉都露出极其羡慕的表情。负责人一时大为得意，看胡汉带着渔具却没有钓鱼，便好奇地询问他。胡汉装作不会钓鱼的样子，借机向负责人讨教。负责人一下子感觉遇到了知音，将他一些钓鱼的心得都告诉了他。两人越聊越投机，不知不觉就谈到了各自的职业。胡汉一副委屈得不得了的样子，说着自己的行业竞争过于激烈，向负责人大倒苦水。后来，负责人向他表明了身份，胡汉趁机向他提出了自己的要求。

自然，在条件相当的情况下，胡汉拿到了工程招标，而且更为重要的是，他钓到了一条非同寻常的“大鱼”！

这便是关系所起到的妙用。

中国人大多能够深刻地领会到这一点。如果能为自己寻找一些大人物作为背景，依靠其权势或者影响力，使自己尽快得到提拔，英雄早日找到自己的用武之地，自己的人生价值也可以尽早得到体现，何乐而不为呢？

“关系”？什么是“关系”呢？关系，就是你的人脉。当你的人脉能够交织成网，无论做什么事情，你都能从这张关系网上找到可供运用的地方，那么生意场上将没有做不到的事情。

但是，人脉也有好有坏。有的人整天忙忙碌碌，为了应酬、维持自己找来的关系而叫苦连天，网织得虽大，但漏洞百出，而且死结连连，貌似壮观却不实用，撒进水里也网不到鱼。

这里犯的错误就是“滥交”。交友不可滥交，人脉不可滥立，建立关系网也要有针对性。人的精力终归是有限的，你一揽子照收，精华、渣滓全跟着进来了。

在挖掘更深层关系的时候,你可以按照以下步骤进行:

第一步是筛选,适当的时候找适当的人。

第二步是排队,要对自己认识的人进行分析,列出哪些人是最重要的,哪些是稍次之的,哪些人不是很重要,根据自己的生意需要进行排队。这样,你就可以决策哪些关系需要重点去维护,哪些只需要保持一般联系,合理安排自己的精力和时间。

第三步是对关系进行分类。因为你的生意场要涉及方方面面、条条框框,你需要很多方面的资源,有的关系可以帮助你办理有关手续,有的能够帮助你出谋划策,而有的则只能为你提供某种信息。根据其作用的不同,对其进行分门别类,有了这一步准备,你才可能有效地利用这张网,知道在什么情况下打什么牌。

当然,建成了这张网还不算完事,你还得不断查缺补漏。因为随着人事更迭,一张本来完整的网,会有各种变化,难免会有漏洞,这就需要不断地更新你的人脉网络,不断调整你手中的牌,重新进行排队和分类,不停地刷新你的人脉网。如此,这张人脉网才能保持一直有效。

8.事业成功可用的关系网

要想创业成功,就必须要有一定的条件,拥有一定的资源。

创业者所必需的资源,可分为外部资源和内部资源两部分。内部资源主要是创业者个人的能力,是指他所占有的生产资料和知识技能,即有形资产和无形资产,只不过这种有形资产和无形资产是属于个人的。创业者的家族资源也可以看作创业者内部资源的一个部分。拥有一个良好的内部资源,对创业者来说十分重要,但内部资源是自然存在的,对创业者的成功并没有起到决定性的作用。

影响创业者成功的是外部资源的创立。外部资源最重要的一点是人际关系资源的创立，也就是指创业者构建他的人际网络和社会网络的能力。创业者如果不能在最短时间内建立起自己最广泛的人际网络，他的创业一定会非常的艰难，即使他能够在最初的时候依靠自己的领先技术或者是自身的素质，比如吃苦耐劳或精打细算来获得某种程度上的成功，他的事业也无法做大。

要想事业取得成功，可以利用的人际资源按其重要的程度可分3大资源：

同学资源

现在，同学会很盛行，仅北京大学，各种各样的同学会就有不下几十个。在中国最好的工商管理学院之一的上海中欧工商管理学院，除了在上海本部有一个学友俱乐部之外，北京还有一个学友俱乐部的分部。人大、北大、清华等名牌大学在北京、上海、广州、深圳等地都有同学会或校友会分会。

我们进入高校，是为了学知识，但交朋友也不可忽视。而对于那些"成年人班"，如企业家班、金融家班、国际MBA班等班级的学生而言，交朋友要比学知识更重要。一些学校也看到了这一点，他们在招生简章上会明白无误地告诉对方：拥有某某学校的同学资源，在这里将为你开创一生中最宝贵的财富。

赫赫有名的《福布斯》中国富豪南存辉和胡成中就是小学和中学时的同学，他们一个是班长，一个是体育委员，后来两个人合伙创业，在企业做大以后才分了家，分别成立了正泰集团和德力西集团。一位创业者在《参考文献》中说，在他到中关村创立公司以前，曾经花了半年时间到北大企业家特训班进行学习、交流。开始的十几单生意，都是在这些同学之间做成的，有的还是通过同学帮忙做成的。正是在同学的帮助下，他的事业在起步的阶段才有了很大的成绩。

现今，带着商业或功利的目的走进学堂，已经成为一种趋势，并没有什么不妥当的地方。同学之间接触较密切，对彼方较了解，同时因为少年人不存在利害冲突，成年人则大多数从五湖四海走到一起，彼此也甚少存在利害冲突，建立的友谊都较可靠，纯洁度也很高。对于创业者来说，同学关系是值得珍惜的一个最重要的和有利的外部资源。

战友关系、同乡关系

和同学关系比较相似的，是战友关系；可以和同学、战友相提并论的便是同乡关系。共同的人文地理背景，使老乡有一种天然的亲近之感。曾国藩在用兵的时候，只喜欢用湖南人；中国历史上最成功的两大商帮，徽商和晋商也是老乡关系的结合体，正是因为他们同乡之间互为犄角、互为支援，才使晋商和徽商在历史上那么的辉煌。在很长一段时间里，只要是商业繁盛之地，就有他们惹眼、气派的建筑徽商会馆或晋商会馆，这些会馆就是他们老乡交游约会的地方。

现在，一个人外出创业，比如一个湖南人要到深圳去创业，或者一个福建人要到纽约创业，老乡众多仍然是一个最有利的条件。这也是近些年来各地同乡会相继涌现的一个很大的原因。同乡和同学资源一样，是助你事业成功的最重要的外部资源。

职业人际资源

对创业者的成功作用最明显的是职业人际资源。充分地利用职业人际资源，首先要从职业资源入手，做到创业活动“不熟不做”的教条。在你熟悉的职业中进行创业，才能更好地取得成功。

昆明的“云南汽车配件之王”何新源，在创办他的汽配公司之前，就在省供销社从事相同的工作；有名的宝供物流，他的创始人刘武原来也是汕头供销社的一名“社员”。他先是被单位派到广州火车站从事货物转运工作，后来就自己承包转运站，利用工作中建立的各种人际关系，创立了他现在的事业——宝供，他还通过各种关系和宝洁公司做起了生意。自从成为宝洁的物流配送商后，刘武便一举成为国内物流业的名人。

前中学数学教师、“好孩子”创始人、《福布斯》中国富豪宋郑就是通过一位学生的家长,得到了第一批童车的订货。宋郑做童车的第一笔资金也是通过一位在银行做主任的学生家长获得的。如果当时没有学生家长的帮助,宋郑可能会一事无成。

万通的冯仑和王功权两人创业的时候是同事关系,他们曾经一起在南德工作过。后来,两人离开了南德,一同携手,在海南打天下,才有了现在的兴旺发达。他们两个在事业上是一对很好的搭档,一个弹,一个唱,配合得很好,把事业发展得很好。有关的调查显示,在我国有很多的离职下海创业取得成功的人员,其中有90%以上的人都利用了原先在工作中积累的关系资源。

见钱眼开,不如说眼开见钱,眼界开阔才能看见更多的钱,赚到更多的钱。有空一定要到处去走一走,多和朋友谈一谈。要知道"机遇只垂青有准备的头脑",广交朋友,有助于开阔自己的眼界,这也是为你的成功做最好的准备。

9.储备人际关系,多个选择多条路

在商场这个看不见硝烟的战场上,如果你没有足够丰富的人际关系资源,可以说是寸步难行。因为在人际关系这张网上网织着的都是你的关系,如人缘关系、业务关系,甚至还网织着你的办事渠道、信息来源等,这些都事关你的成功。

想要干出一番事业,你就必须做好社会关系的储备。商场上创业是这样,其他的事业也是这样,比如你要在政界、演艺界发展,或者你要当一名律师或医生,处理好人际关系和社会关系都是必不可少的准备,而且准备得越多越好。只有这样,你的创业步伐才能更快一些,这已是一个很明显的社会事实。

所以,比较明智的创业者,在创业以前,如果他已经有意于在某个行业发展，他就会尽自己的最大力量去结识这个行业里的知名人士，虚心向这些知名人士或成功人士请教，聆听他们的教诲，讨要他们的名片，还会把这些作为重要的资源储备起来，以便于在将来发挥作用，并且以此来帮助自己解决许多实际的问题。

那么，怎么才能更好地储备社会关系呢？下面有一些好的方法和原则可以借鉴。

第一，学会与不喜欢的人打交道。

在和他人交往的过程中，我们会碰到各种类型的人，其中有你喜欢的，也有你不喜欢的。对于你喜欢的人，交往亲近起来非常容易，但要和自己不喜欢的人建立起良好的关系就没那么简单了。

同不喜欢的人打交道，要尽量从其身上找到优点，用包容的心态对待他的缺点。但也有可能有些人身上缺点和毛病太多了，让你没有办法找到他的优点，或者是无法包容他的缺点。对待这样的人，你要做到喜怒不形于色，不当面指责或者指出他的毛病，尽量避免和他发生正面冲突。这样做可以避免很多不必要的麻烦。

第二，要多和社会各界的名流人物建立关系。

社会名流都是在社会上很有影响力的人。这些人本身就很神通广大，再加上他们交友广阔，办起事来容易，若能与这些人建立良好的个人关系，无异于为我们的创业插上了腾飞的翅膀。所以，能够交往到这样的人，对我们事业的成功是一件很有益的事情。

但是，这些名流都有他们自己固定的交际圈，一般人很难进入他们的圈子，特别是一些没有良好的社会背景的无名之辈，要想结交这些人更是难上加难。但是难并不代表没有可能，你可以托人引荐，多参加社会公益活动，多出入名流常常出入的场所，这样做，你就会有机会结交到这些社会名流。当然，在结交这些社会名流时，还得注意给对方留下一个好的印象，千万不要死缠着别人不放，这样做只能得到相反的结果。与这些人交往，想一次就建立起良好的关系很难，应多制造一些机会，通过多次的接触建立较为牢固的关系。

第三，储备人际关系还要注意一点：不要嫌礼多。

俗话说，礼多人不怪。不管你和什么样的人交往，都要注意到礼节，这也是储备人际关系时必须掌握的一个很重要的原则。当然，和有身份的人交往，这一点很容易就能做到，因为对方的权势、地位、实力足以使你产生敬畏，让你在不知不觉中注意到礼节。但是，很多人在交往的时候往往会步入这样的一个误区：他们熟但不拘于礼节。他们认为，如果太和朋友讲礼节、论客套，会伤害到朋友的感情。他们并没有意识到，朋友关系也是一种人际关系，任何人际关系能够存续下去的一个重要的前提就是要懂得相互尊重，容不得半点强求。礼节和客套虽然烦琐，却是相互尊重的一个很重要的形式。离开了这种形式，朋友之间的关系便难以长久地继续。

1996年，小王被台湾母公司外派到上海工作，在上海工作了2年后，他提出了辞职。辞职时，他提出了一个请求：允许他继续使用以前公司给他配备的手机号码。

小王说他在大陆工作的这两年时间里，人际关系是他唯一的资源。如果把手机号换了，那么原来的那些朋友、客户就很可能找不到他，他就会失去重要的资源。

从20世纪90年代起，大陆的招商引资工作如火如荼地展开，以苏州、昆山为代表的江浙一带，更是热点中的热点。而此时台湾当局政策刚好对外放开，大批台商都带资金进入大陆。

小王正赶上了这个时候，辞职后，他摇身一变成为了“苏州工业园区”的高级顾问，月薪1000美元。他的目的当然不在于此。所谓顾问，其实就是向那些有兴趣到大陆投资的台商宣传苏州，介绍合适的项目，最终说服台商在工业园区投资设厂，并为台商争取尽可能的优惠条件，从而在这里赚取不菲的佣金。但要做到这些，必须要有深厚的人际关系。

这一点，小王在很早的时候就有所准备了。在他到大陆的第一年里，小王到了人才最聚集的清华大学里面念MBA，在那里，他结交了很多企业老总和政府要员。他和苏州市一位副市长的交情就是从那里开始的。此外，他是从台湾来的，经历相对简单，这在苏州政府眼里无疑是一个很好的保障。但也正是因为他是“外省人”，小王一直都不怎么讲台语，这个时候，他又捡起了许久不说的家乡话。“台湾人如果聚到一起了，大家都讲家乡话，一下子就亲近好多，什么事都好谈一些。”慢慢的，小王便成了很有名气的“热心肠”，经常会有新到的台商“慕名”找上门来，他也很乐意地在这些人身上花费时间和金钱，因为这些人都是他的人脉资源。

在这些人际关系之下，小王为工业园区陆续引进了几个大项目的投资。到后来，他还同时兼任了昆山等几个开发区的顾问。他的名片上的顾问头衔每增加一个，他的收入就会增加一倍，这就是人际关系带来的好结果。

无论你的专长是得自于专业训练或者是业余摸索，都可转化成一股强劲的“人际关系动能”。你的人际关系资源越丰富，赚钱的门路也就越多；你的关系档次越高，你的钱就来得越快、越多。这已经成为了有目共睹的事实。

第四，冷庙也要烧热香，晴天也要留雨伞。

你在工作中的最大收获不只是你赚了多少钱，积累了多少经验，更重要的是你认识了多少人，结识了多少朋友，积累了多少人际关系资源。这种人际关系资源不仅对你现在的工作有用处，对你以后的人生都将有莫大的帮助，即使你想创业，它也是你创业的重大资产。

但是有很多人由于平日拜冷庙，等有事的时候，却不知如何向别人开口，原因何在？就在于由于生活上的忙忙碌碌，他们没有时间进行过多的应酬，日子一长，就把许多原本好不容易建立起的牢靠关系变得松懈了，使朋友之间逐渐互相淡忘。

因此，我们要珍惜人与人之间宝贵的缘分，即使再忙，也别忘了沟通感情，加固我们好不容易建立起来的关系网。

有位刚去美国的移民给他的朋友这样写道：“我们在那儿没有什么社交生活，我们难得去看望朋友，这当然是因为我们初到异境，认识的朋友不是太多，但后来我听说，其他的人也是这样……”

“我们每星期必须工作5天，而星期六和星期天则要和家人去郊外，这也是当地的一种家庭式的生活。”

“我们不能利用假期去探望朋友，因为假期时，谁都不愿意待在家里，除非朋友患病在床……”

“平时我们也不可能利用下班后的时间去看望朋友，那里的交通实在是太过拥挤。”

“但是我们会时刻和朋友通电话，这是我们唯一可以应酬并与朋友保持联系的方法。即使我们无事也会打电话给朋友，哪怕只是寒暄几句，或者讲些无关紧要的事情。”

“有事情的时候，我们又会立刻聚在一起，比如说上星期我女儿肚子疼痛，我急忙起来打电话给一位姓丁的医生朋友想办法，这位医生朋友马上驾汽车从70多公里外赶到，初步诊断，认定我女儿患了盲肠炎，他又用他的车子送孩子进医院做了手术……”

从这里我们不难看出，朋友不仅仅是我们的聊天对象，更是我们精神上的鼓舞、心灵上的安慰，是我们生活中的参谋与得力助手。

有事之时找朋友，人皆有之；但无事之时也要找朋友，哪怕只是互相寒暄几句。

也许你常常会有这样的经验：当你遇到了困难，你认为某人可以帮你解决，你本想马上找他，但后来想一想，过去有许多时候本应去看他，结果由于种种原因没有去成，现在有求于人就去找他，会不会显得太唐突了？

在这种情形之下，你不免会有些后悔“闲时不烧香”。所以，不要忘了经常对你的人际关系进行加固，以便在遇到困难的时候不至于无人可求。当双方建立了稳固关系时，彼此会激发出强大能量，使彼此的灵感达到至美境界。

具体来说，你应该这样做：

首先，经常与每一个关系网中的成员保持联系。

只要你能每月定期和他们联系，无论是通过电话、传真、聚会、电子邮件或信件都可以。

其次，珍惜商务旅行的每次机会。

如果你旅行的地点正好邻近你的某位关系成员，最好不要忘记提议和他共进午餐或晚餐。

再次，记住那些不常见的朋友的名字。

当多年的老朋友出现在你面前时，清晰而响亮地叫出他的名字，将是最好的欢迎。它说明无论相隔多少年，你仍然记得友情，仍然关注他；相反，两个感情诚笃的老友多年未见而邂逅相遇，如果有一个叫不出对方的姓名，则很有可能引起不快，甚而会在对方心头蒙上一层阴影。

几乎没有一个人不希望自己的名字被人记住。古今中外，莫不如是。

最后，恰如其分地感谢，也是一种加固人际关系的方法。

致谢不只是眼前一声简单的道谢，它更是建立长期“特殊关系”的一项前提条件，是个人交流和合作中的核心元素之一。不致谢或很少表示谢意的人，往往很难赢得他人的尊重、支持和好感，更难有长期的“同类回报”。

在商业圈中，真诚而恰如其分的感谢现在还不算是普遍现象。即使是工作努力投入，业务成绩相当出色的人，恐怕也不常听到该得的感谢声。在你的朋友中随便挑一位，想想有谁会对他的努力感激于怀呢——

他的搭档、同事、上司,抑或他自己的客户?很少有人谢他。私人交往中的情况也是如出一辙,做出的“成绩”和得到的感谢常常不能成正比。你只需看一看就会明白:当你为了邀请亲朋上门参加派对,一次招待需耗费多少时间、金钱和心思,而又有几个朋友会在致谢时体恤地提及你的心血和辛劳呢?再想一想:多少位家庭主妇日复一日地重复着单调的家务,把一切收拾得井井有条,而其家人却对此熟视无睹、司空见惯,想起感谢她们的又有几人呢?

对你身边的人来说,坦率和真诚的致谢是难得的经历,他们一定会欣喜不已地接受你的感谢,并长久地保留在记忆中。

当你向身边的人们道谢时, 你自然会历数对方的成绩和辛勤付出,或是你欣赏他们的地方。这就等于送去了一份不薄的“礼物”。你让他们意识到这是一次成功的经历,使他们体会到了成就和愉悦。

同时,你也告诉了他们:你并不是在坐享其成地“利用”他们的成绩,致谢总是个积极有意义的举动。从你那里得到过一次感谢的人,会希望将来再次感受到你的谢意和肯定, 因为对方看到了自己的努力能够被你认识和赏识。你的衷心感谢也会换来他的真心相报,日后,对方还会很乐意为你出力,帮助你。

其实,在很多的场合下,致谢是一种礼仪性的“结束语”,比如完成一个业务项目时,你的致谢同时也给顾客留下了最后的美好印象和感觉,也给你提供了一次机会,展望下一步的计划。

所以,一次恰当而有力的当面致谢可以为你“搭建”一座顺利通往下一次的“桥梁”。如果在你需要联络或偶遇对方时,前一次的致谢可以提供你一个关键性的“纽带”。对方也会一直记得你对他的好意,记得前次与你所谈的事情。少了这样一座“桥梁”,你就得从头寻找其他的“纽带”或联系“突破口”,还得努力建立关系,到那时要花的力气可就大得多了。

第六章

爱情伴侣的选择
——适合你的就是最好的

在结婚前，你一定要知道，人的一生中会遇到3个人，一个你最爱的人，一个最爱你的人，还有一个和你共度一生的人。

然而遗憾的是，这3个人在大多数情况下都不能合而为一。你最爱的，没有选择你；最爱你的，往往不是你最爱的；而最长久地陪伴你、和你步入婚姻的，偏偏不是你最爱的，也不是最爱你的，只是在最适合的时间出现的最适合你的那个人。

1.最爱的不一定是最适合的，适合的一定是最好的

很多时候，人们都会傻傻地想，如果林妹妹欢天喜地嫁给了宝哥哥，或者梁山伯真的如愿以偿地娶了祝英台，他们会不会永远幸福下去？为什么童话里讲到王子和灰姑娘从此幸福地生活在一起后，故事便戛然而止，没了下文？

别人给你介绍对象，首要条件就是看看你们两个是不是门当户对，是不是才貌般配。在老一辈人看来，结婚是两个人在一起过一辈子的日子，只有两个合适的人，才不会有那么多的磕磕碰碰、吵吵闹闹，才能开开心心、天长地久、白头到老。

“如果觉得合适就结婚吧”，这是无数母亲在面对女儿的终身大事时的态度。她没有说爱，而说合适，不是因为“爱”这个字眼她说不出口，而是在潜意识里，经历了漫长婚姻生活的母亲们，看重的不再是爱，而是合适。

看看周围，比比皆是相依为命、牵手到老的平凡夫妻，爱到生死相许的两个人反而因各种各样的原因难成眷属、难以白头。这到底是为什么呢？

只能说，爱得死去活来、惊天动地的恋人并不适合做夫妻，他们的婚姻比普通人存在更大的风险。因为爱得越深，对方就会成为你目光的焦点，你无时无刻不在关注着他的一言一行。有时沾沾自喜，有时患得患失，一旦有什么不能做到尽如你意，没有给你预期的回报，你就会失落、埋怨，“我对他付出了那么多，为什么他总是视而不见、无动于衷？”

这是很多恋人和夫妻间的问题，因为太爱，所以不能用平常心来看待，搞得自己疲惫不堪，也把对方打入了痛苦的深渊。太多的爱，累了自己，也伤了别人，得不偿失。最后，爱情在琐碎生活的磨砺中消失殆尽，有情人落得分道扬镳的伤感结局。

婚姻里，要的就是合适。所谓合适，代表的是一种比较舒适的状态。两个人在一起轻松快乐，没有压力，那样才可以保持永远的活力和热情。太多的牵扯会消耗过多的心力，让爱情在凡俗日子里迅速衰老，直到死亡，直至尸骨无存。

很可能因了舒适，便产生习惯；因了习惯，而造就平淡。没有了三天一吵、两天一闹，也就没有了刻骨铭心的爱与恨，所以就有了更多的宽容和谅解，更多的相濡以沫、恩恩爱爱。

决定嫁(娶)给一个人,只需一时的勇气;守护一场婚姻,却需要一辈子的倾尽全力。因为,爱情可以高雅到不食人间烟火,就如琼瑶书上写的:只要两情相悦,无灯无月何妨;而婚姻却要脚踏实地,苦乐与共地和爱人携手走完一生的日子。

有时候,婚姻的缘起,除了爱情,或许还有最现实不过的相依为命。你最后选定了要一起走下去,并真的在同行的过程中相扶相持、白头偕老的那个人,未必是这世上最好、最优秀的,却一定是这世上最适合你的。

什么样的恋爱对象才是最适合自己的?心理学家发现,很少有年轻人会认真、深入地思考这个问题,他们基本都是“跟着感觉走”,对方漂亮、身材好,看着赏心悦目,与朋友聚会时“拿得出手”,就足够了,至于对方的品质、修养却很少考虑。然而,这样做的结果,却往往是给自己未来的婚姻生活带来无尽的麻烦。

你有没有注意过这样的婚姻现象:一个看上去极帅的丈夫身边,却走着一位相貌平平的妻子;美丽的窈窕淑女,却偎在一个武大郎似的丈夫身边;精明能干的女经理,嫁给了老实巴交的小学教师;才华横溢的男作家,终身与一个普通女工为伴……

这样的婚姻组合令人吃惊,但最令人吃惊的是:那些看上去似乎并不般配的夫妻,却充满了幸福的感觉。

全部的奥秘就在于,他们有这样的一种心态:也许我不是最好的,但我是最适合你的。

“最适合你的”这份自信,使他们心情宁静地生活在自己的婚姻里。

你有这份自信吗?当你面对自己的意中人,是否能够把握十足地说出“我是最适合你的”?

了解自己对伴侣的适合性,会使你产生一种超越自身的优越感。有好心人曾劝一位男友去根治一下他的秃发。他不以为然地摸着自己的脑袋说:“说不定哪个好姑娘就喜欢秃顶男人呢!”想想看,当他确知自己的伴侣期待的是一个相貌平常但心地善良的男友时，他还会担心自己的容貌吗？

与此同时，了解伴侣对自己的适合性，也可使你及早从沉迷中苏醒，从而避免一个不幸婚姻的产生。

一位男子曾经十分迷恋一位女电影演员，他们有过一段甜蜜的时光。渐渐地，这名男子对他们的感情产生了不安心理，因为女友常常需要到外地去拍电影，而他无法忍受家常便饭式的分离。他们之间没有任何不信任，只是对女友的职业不满意。可他知道，女友太爱拍电影了，他不愿让她为此牺牲自己的事业。这名男子考虑再三，决定和女演员理智分手。他说："我需要的是一位时刻与我厮守的妻子，而她却很难做到这一点。即使她为了我们之间的感情勉强离开银幕，我俩今后也未必幸福，那会使我时常有一种有负于她的歉疚感。"

这样的情况很具打击性：也许你是一个好女人，却不适合当他的妻子；也许你是一个不错的男人，却不适合当她的丈夫。这种不适合大大地伤害了你对自己价值的认定。

我们只有在适合于自己的异性身边才会感到心绪宁静，才能得到自我价值的肯定。事实上，我们大多数人都过多地注意了两人的相似，而忽略了两人的互补。一个爱发表见解的人，最得意的不是跟一个同样爱发表见解的人谈话，而是跟一个专心倾听的人谈话。那么，为什么不去找一个能够专心倾听你的人做伴呢？这人会一辈子做你忠实的听众，让你觉得自己很重要；相反，如果找了同样爱发表见解的人，早晚有一天，彼此会各不相让地争吵不休。

情侣双方交往的最佳境界，是各自保持自我的完整。现在的问题是：怎样才能使你从一踏上爱的小船起，就不失去自我呢？办法只有一个：选一个能与你互补的最适合你的异性，真心地去爱这个人，而对其他异性敬而远之。

世界上的好男人和好女人何其多？但是，只有真正适合自己的才是最好的！

2.爱情如“衣服”，你选连衣裙还是晚礼服？

有人喜欢连衣裙的简单，也有人喜欢晚礼服的复杂。那么对于爱情，是选连衣裙般的简简单单的真实，还是选晚礼服般的轰轰烈烈的华丽呢？

女孩终于鼓起勇气对男孩说：“我们分手吧！”

男孩问：“为什么？”

女孩说：“倦了，就不需要理由了。”

一个晚上，男孩只抽烟不说话，女孩的心也越来越凉。“连挽留都不会表达的情人，能给我什么样的快乐？”

过了许久，男孩终于忍不住说：“怎么做你才能留下来？”

女孩慢慢地说：“回答一个问题，如果你能答对我心里的答案，我就留下来。”

“比如我非常喜欢悬崖上的一朵花，而你去摘的结果是百分之百的死亡，你会不会摘给我？”

男孩想了想说：“明天早晨告诉你答案好吗？”

女孩的心顿时冷了下来……

早晨醒来，男孩已经不在了，只有一张写满字的纸压在温热的牛奶杯下。

第一行，就让女孩的心凉透了：“亲爱的，我不会去摘，但请容许我陈述不去摘的理由。你只会用电脑打字，却总把程序弄得一塌糊涂，然后对着键盘哭,我要留着手指给你整理程序;你出门总是忘记带钥匙,我要留着双脚跑回来给你开门;酷爱旅游的你在自己的城市里都常常迷路,我要留着眼睛给你带路;你不爱出门,我担心你会患上自闭症,我要留着嘴巴驱赶你的寂寞;你总是盯着电脑,眼睛给糟蹋得已不是太好了,我要好好活着,等你老了,给你修剪指甲,帮你拔掉让你懊恼的白发,拉着你的手,在海边享受美好的阳光和柔软的沙滩,告诉你一朵朵花的颜色,像你青春的脸……所以,在我不能确定有人比我更爱你以前,我不想去摘那朵……"女孩的泪滴在纸上形成晶莹的花朵。

抹净眼泪,女孩继续往下看:"亲爱的,如果你已经看完了,答案还让你满意的话,请你开门吧,我正站在门外,手里提着你最喜欢吃的鲜奶面包……"女孩拉开门看见他的脸,紧张得像个孩子,只知道把拎着面包的手在她眼前晃……

这或许就是爱情或者生活。被幸福平静地包围时,一些平凡的爱意,总被渴望激情和浪漫的心忽略。

爱,在双方引起的许多个微不足道的动作里,从来就没有固定的模式,可以是任何一种平淡无奇的形式。花朵、浪漫,不过是浮在生活表面的浅浅点缀,在它们的下面才是我们真正的生活。

任何一份爱情都是这样的。当海誓被填平,当山盟被移动,当甜蜜随风而去,当激情渐渐平息,当浪漫情怀不再,当最初的温柔体贴消逝……爱情,终究会归于平淡!

"爱情如果不落实到吃饭、穿衣、数钱、睡觉这些实实在在的生活中去,是不容易长久的。"也许很多人不愿意承认三毛的这句话,但是她的确说出了一个确实存在的事实。只有当一对男女在漫长而又平淡的生活中,在普通得不能再普通、琐碎得不能再琐碎的吃饭、穿衣、数钱、睡觉这些事情中还能感受到彼此的爱意时,他们的爱情才是真正可以天荒地老的爱情。

“再浓烈的爱情也会归于平淡，爱情最终会转变为亲情……”

当爱情转变为亲情，很多的付出和接受已变成习惯，变得理所应当，甚至有时候已经忘记了感动。

可是，爱情到底是什么呢？在一般人看来，爱情最通俗的解释应该是：“一对男女，互相喜欢。”可是喜欢的类型很多，为什么一对互相喜欢的男女之间会有海誓山盟、甜言蜜语，会有激情澎湃、浪漫情怀、温柔体贴呢？

最初的爱情会给人一生中最玄妙的感觉、最美好的记忆，这是任何亲人和其他朋友都无法给予的。正是因为这样，处在爱情初始阶段的人们总是神魂颠倒、或痴或傻。到现在为止，没有人能对这种现象做出最准确的解释，但它确实存在，在这样一个充满了金钱、权利、名利之争的世界中，让正在爱着的人们得到片刻的原始与纯净。

于是，沉浸到这样一种既真实又虚幻的甜蜜中，享受着莫名其妙的兴奋与伤感，憧憬着更加美好而幸福的梦境……就这样，很多人陷入这样的感觉中时，并没有想到，当时间随着青春一起走过，爱情终究会归于平淡。当平淡的爱情到来，很多人会失落，会伤感。当回忆起和爱人一起走过的激情燃烧的岁月时，他们也许会问：“那个曾经和我在夕阳西下散步的人哪去了？”

当爱情归于平淡，你不会天天把爱和想念挂在嘴上，但却沉淀在心里；当爱情归为平淡，短信变得越来越短，也越来越家常，但难掩彼此的关心；当爱情归于平淡，你会在对方面前暴露一个最真实的自己，偶尔会有争吵，但争吵过后，依然觉得彼此是今生的最爱，是生命中不能缺少的部分。

当年轻时那炙热如火、惊天动地的爱情归于平淡，转化为亲情时，你不会觉得那是对爱情的亵渎，而是很踏实地享受着这份如同亲情般的爱情。这样的爱情，多了一份理解和宽容。当爱情归于平淡，不要去抱怨，要学会享受平淡中的爱情。

3.面对一见钟情,不要轻率做出选择

《一见钟情》的歌词唱道:"自从遇见你,心跳开始变得不规律。越来越在意衣服和发型,原来这就叫做一见钟情。朋友不相信,说我们是热带和南极,我充满热情,你冷得像冰,能够碰出火花真是稀奇。我不能停止爱你点点滴滴,每一秒都会发现新的讯息,靠在你宽阔的肩听甜蜜诺言,这种喜悦想告诉整个世界。我不能停止爱你点点滴滴,天边到海角我都不会放弃,喜欢你温暖的手,圈住我的脸,我要爱你......"

"一见钟情"是否可取,是年轻人在涉足爱河过程中,经常遇到的一个问题。

在人类历史长河中,确实有许多一见钟情的佳话。贾宝玉和林黛玉相遇"似曾相识",罗密欧和朱丽叶初见"相见恨晚",《西厢记》中张生和崔莺莺的故事被传颂千古!谁能断言一见钟情不能缔结美满姻缘呢?

从心理学角度来看,一见钟情是一种正常的心理现象。当一个人进入青春期以后,便会自然萌发对异性的向往和追求,从自己的审美标准、价值定向、修养水平出发,朦朦胧胧地憧憬起自己理想中的情人。

比如,许多女青年为一些电影明星所倾倒,希望自己未来的丈夫是英俊、潇洒的现代男子汉。这种理想模式尽管是模模糊糊的,却表明了人们选择配偶的心理倾向。当你在生活中遇到符合理想的人物时,你便会立刻把他纳入已有的理想模式,你的大脑会当即通过感受器和效应器做出对知觉对象的判断。知觉对象符合理想模式的程度越高,心里就会越满足,产生的好感也就越强烈。想象似脱缰的烈马纵横疾驶,情感冲决了理智的闸门,奔泻而出,使你醉心于他,犹如萌生了真正的爱情一般。然而,好感毕竟属于感性阶段的心理活动,把好感当作爱情,是对爱情的误解。

爱情是人类特有的精神现象,它由生理现象产生,并带有深刻的社会内容。动物的性活动并不选择特定的异性对象,人则不同,人的意识、情感、志趣、价值定向等复杂的精神生活决定了他选择配偶的复杂性。从这个意义上讲,爱情是伴随着对对方的细心观察、冷静思考、慎重审度、诚心培养而产生的。

一个人的品格、才华、修养会通过他的举止言谈表现出来,在理想模式正确、观察能力强的前提下,不能说没有可能在三言两语、一顾一瞥中做出准确的判断,觅到理想的知音,但必须指出,这具有很大的偶然性。一见钟情毕竟是处于认识的感性阶段的心理活动,这种感情大多产生于对对方外表、举止的爱慕之上,这种爱慕远远谈不上深入到人的本质,因此,一见钟情缔结的婚姻,十有八九并不美满。

法国著名作家雨果的名作《巴黎圣母院》中,女主人公艾丝美拉达钟情于国王卫队长法比风流潇洒的外表,却没有认清他卑鄙丑恶的灵魂。当她身陷囹圄思念法比之时, 法比却正沉醉于与贵妇们的调情玩乐之中,最后,她的生命也葬送在了这场爱情的悲剧里。

因此,傅雷告诫他的儿子:“热情是一朵美丽的火花,美则美矣,无奈不能持久,……不考虑性情、品德、思想等,而单单执着于当年一段美妙的梦境,希望这梦境将来成为现实,那么,我警告你,你可能会遇到悲剧!”

陌生男女只相处几天时间,很难达到对对方品格、信念、志趣、性格的全面了解,因此,对“一见钟情”应采取审慎的态度。邓颖超说过:“真挚的持久的爱情,不是‘一见倾心’,因为相互全面的了解、思想观点的谐和不是短时间能达到的,必须经过相当长的时间才能真正了解,才能实际地衡量对方的感情。”

心理学家认为,判断男女双方是否适合“牵手”,应考虑以下10个因素:

第一,彼此都是对方的好朋友,不带任何条件,喜欢与对方在一起。

第二，彼此很容易沟通，互相可以很敞开地坦白任何事情，而不必担心被对方怀疑或轻视。

第三，两人在心灵上有共同的理念和价值观，并且对这些观念有清楚的认识与追求。

第四，双方都认为婚姻是一辈子的事，而且双方(特别强调“双方”)都坚定地愿意委身在这个长期的婚姻关系中。

第五，当发生冲突或争执的时候可以一起来解决，而不是等以后来发作。

第六，相处可以彼此逗趣，常有欢笑，在生活中许多方面都会以幽默相待。

第七，彼此非常了解，并且接纳对方，当知道对方了解了自己的优点和缺点后，仍然确信被他所接纳。

第八，从最了解你也是你最信任的人处得到支持的肯定。

第九，有时会有浪漫的感情，但绝大多数的时候，你们的相处是非常满足且自由自在的。

第十，有一个非常理性和成熟的交往，并且双方都能感受到，在许多不同的层面上，你们是很相配的。

4.别让虚荣害了你——选择爱情，还是选择“面子”

面子——在生理学上本来是指脸，但是常被引申为抽象意义上的做人的尊严，可大可小，看不见摸不着。对中国人来说，“面子”特别重要，比方说饭桌上抢着结账、借巨款娶媳妇、不好意思向朋友讨债、把仅剩的工资拿去“凑份子”等。“丢面子”是很严重的，它往往意味着被议论、指责甚至受歧视。

在爱情的问题上，很多人都是矜持的。越是爱一个人，就越想在他

(她)的面前表现得近乎完美。也正是因为这样,多少对本该成为情侣的男女默默地擦肩而过。

在面子与爱情面前,究竟孰轻孰重,答案无非有两个:爱情第一,抛开一切世俗,为了所爱,奋斗到底,最后得到自己的幸福;面子第一,无止境地活在自己的虚拟爱情中,痛苦、惆怅都自己咽在肚子里。

爱情重要,还是面子重要?很多人会回答爱情重要。但实际遇到了,又有几个人能抛掉面子问题?面临对爱情和面子的选择,瞬间的顾虑,就有可能使你错过爱情,留下永远的悔恨。

让大家都知道自己的单相思,无疑是非常失面子的。所以,不少人走到爱情的十字路口时,被"面子"设置的路障给吓退了回去。

李磊和小静都是学生会干部,在共同的学习和工作中结下了深厚的友情。看着校园里成双成对的身影,李磊非常羡慕,他想找个机会试探一下小静,看是否能把友谊上升到爱情。那天,李磊打电话给小静说:"我有点工作上的事情想找你谈一谈。"天真的小静带上同学小菲一起赴约。言谈中,李磊的心思被小菲察觉,于是小菲对李磊大肆嘲笑。小静虽然对李磊也是情愫暗生,却也只好附和小菲一同嘲笑李磊。李磊恼羞成怒之间,竟辨不清小静的真实心意,这段朦胧的恋情也就此被扼杀了。

选择,有时是让人无奈的、让人痛心的。如果不想面临选择的困境,我们就要学会去把握爱情与面子的原则与尺度,不要让它们去碰撞,而要让它们成为携手并进的"好朋友"。

君不见,那些本来情投意合的情侣,曾经那般海誓山盟,到头来都因一些客观原因而劳燕分飞。比如,在学校情投意合,后来因工作的原因、两地的距离而分手;因事业的不同,一方升职加薪,而另一方却还是原地踏步,事业不见起色,社会地位的平等也会引起分手。说的好听点,是情趣的不同;说的不好听,正应了古人的时位之移人的古律。共患难易,同享福难。婚恋爱情中,又何尝不是呢?早期的相识在贫困中,两人容易同心共赴时艰,粗衣淡食,甘之如饴;一旦发达,便会生出很多的是非,这时,各种的不如意都随之而来,比如品位、层次、共同语言等。

爱情是很美好的,但是一旦和其他的东西联系起来,便又是另一回事了。我们不是苦行僧,诚然,爱情没有一定的物质基础不行——俗话说:"贫困夫妻百事哀。"但如果爱情只剩下更多的名利和财富,甚至当其需要靠虚荣来维持的时候,那样的爱情只是一种纯粹的交易。

处于爱情之河的男女,讲点面子,无可厚非,但真正审视面子,有时又会发现,面子和自尊、虚荣是难分的。自尊,是通过自己的品格修为,赢得别人的尊重,保持自己人格的独立;虚荣,却是为了一种不必要的心理满足,而刻意地追求别人虚假的奉承、掌声。

自尊是必要的,但太在意别人的态度、看法,而忽视自己独立的判断,甚至损害自己恋人的尊严,就变成了爱虚荣。虚荣对爱情而言,不啻是一种伤害和负担。

爱情的内涵,无疑是丰富的。爱情需要浪漫,浪漫是爱情的青春活力所在;爱情需要责任,责任使爱情长久。但爱情也需要空间,需要自由的空间。给爱情一点自由,不加过多的苛求,这样的爱情,才是永远的幸福所在。

5.选择爱人,不妨从选择"缺点"开始

正值青春洋溢的萱萱,面对三个男孩的同时追求,一时之间竟难以取舍,无法从中做出选择。因为,他们四人从少男少女时代开始就情意相投,相处得都很好,三个男孩也都希望萱萱可以成为自己的女友。可萱萱呢?她甜蜜又痛苦。

这三个平分秋色的男孩,一个,事业心很强,将来可能最有前途,但他经常不太顾及别人的心情;一个,与他在一起最轻松快乐,却行事懒散,做事计划总是不够周密;还有一个,玉树林风,风度翩翩,所有女孩子看了都喜欢,而他什么都好,只是用情不专,让人缺乏安全感。

萱萱说,要是他们三个能合成一个,那该是多么理想的爱人啊,但这可能吗?

萱萱的女友,看到她犹豫不决,就将自己的经验告诉了她:找一个十全十美的男人是不可能的,面对各有所长的他们,要抛长处而选择缺点。女友告诉萱萱说:“既然每个人都有缺点,那么,你就选择一种自己最能接受的缺点。”萱萱听了她的话,果然,她的婚姻美满而稳固。

一个人到了谈婚论嫁的年龄,如果正好遇到了“非他不嫁”、“非她不娶”的那个人,那真是上天赐予的福分。不过,很可惜,这种幸运并非人人都能拥有,于是就得在几个候选人中选择出最优秀的一个。退一步来说,有得选择,其实已经很幸运了。

但人们习惯性地总是先挑优点而忽略缺点。看看满眼的征婚启事:“学历本科以上,身高1.75米以上,有独立住房,有事业心,有责任感,重感情……”提的都是优点。记得几年前有个人在报纸上登出征婚广告声称:要找的女子除了富有才情、楚楚动人以外,还有个条件:必须只有一条腿。结果人们就认为这个人肯定有病。

实际上,这个人非但没病,反而是个大大的聪明人。富有才情、楚楚动人的女子大多浪漫而多情,但若瘸了一条腿或是只有一条腿,用情就比较专一,生活中就会因为自身的缺陷而忽略对方的一些毛病,婚姻就会比较稳固,不会动不动就起内战。所以,选择配偶应以选择缺点为明智。

缺点有先天所致,也有后天养成,身体上的缺点一般无法改变,而生活上的坏习惯也很难更改。既然你只能选择一个那么最好先从缺点开始选起。

6.不要轻易放手，但是一旦放手，就不要轻易地回头

在情感上，有的人会问：为什么我投入了那么多感情却没有一点成果呢？

应该想想：是不是你找错了对象？任何事情都有风险，像婚姻，像爱情，像事业。在自己的人生旅程上，如果选错了对象，幸运的或许只是痛苦一时，但不幸的却是赔掉了一生。

现实中，很多人为情所困，他们看不清楚自己的情感，总是抱怨对方为什么不能选择自己；也不懂得舍弃那份得不到的感情，去追寻爱情里更广阔的天地。

一个人懂得舍弃，便会懂得权衡。如果舍去的东西比得到的代价要大，那便是得不偿失，又有何意义可言呢？

一对相爱的夫妻之间出现了第三者。女人知道现在的婚姻很少能有天长地久的，可是她还是坚信自己应该属于那万分之一，直到有一天发现老公爱上了别的女人，她一下子懵了。

接下来的日子可想而知，她整天以泪洗面，不吃不喝，终于承受不了，喝了药想自杀。幸好家人及时发现，把她抢救了过来。她开始还恨家人："何苦救我？对我来说，活着比死去还痛苦。"当时更让她伤心的是，曾经爱自己爱到骨子里的男人，怎么会变得如此无情，比仇人还心狠。他不但把家中的财产席卷一空，还差点把房子变卖了。虎毒不食子，就是不为她，为了孩子，也不能把房子变卖了啊！把家卖了，孩子住哪里？她简直无法相信，这个男人竟变得如此卑鄙。不爱一个人，就非要置他人于死地吗？

即使这样，当时的她仍然放不下他，整天沉浸在痛苦、绝望之中。直

到有一天，她无意看到一句话："人在对待财产、亲情、爱情、痛苦和名利上，要学会放弃，只有学会放弃，才能保持一颗永远年轻愉快的心。"她当时就想："我为什么不可以放弃这个家庭，这个婚姻，这个已经不爱我的男人？这个家庭的破裂不是我的过错，我已经努力了，已经不爱我的人，我何必苦苦挽留他的躯壳？"

她这样冷静地考虑了一些日子，也算是一下子顿悟了。之后，她和丈夫进行交涉，在财富、房产上，她既不无理取闹，也不肯有丝毫相让，毕竟自己对这个家付出了心血，怎能让别人来坐享其成？

丈夫绝对没有想到她会这么冷静，看到她这样，好像忽然才认识她。

他和那个女人过了没有半年就结束了，想要和她复婚。

她考虑了几天，终于下定决心没有答应。她已经学会了放弃，不会再给自己戴上枷锁。以后的人生，她要自己好好走下去，不再把自己的幸福系在某个男人身上，就是对待现实生活中一些琐事和不愉快，她也知道应该用什么样的心态去对待了，那就是学会放下。

在我们很小的时候，只要看不见妈妈，就会因为不安而大哭起来。其实，妈妈只是不在我们的眼前，我们只因为眼前看不见，便认为妈妈不见了，同时也以为妈妈不爱我们了。

恋爱，不就跟那时的我们很像吗？

在被拥抱的时候，听对方说情话的时候，手牵手逛街的时候，我们都觉得对方是百分之百地爱着自己的。

可是，从道了再见、关上家门的那一刻起，内心便开始悬着：因为见不到，担心对方有没有想念自己，忧虑对方会不会忠于自己；只因为不在对方身边，就以为爱会不见，却不知，不在身边的她(他)，不等于不爱你。很多事情，看不到不等于不存在。

而且，不安的不只我们，还有我们不知道的他(她)，彼此都有着一样的不安，都期望得到相同的谅解。

有时候，我们会抱怨当我们需要他（她）的时候，他（她）总是不在身旁；可有些时候，他（她）最需要我们的时候，我们也不知情，不是吗？

牵手是一种幸福，是那种幸福得甜到心里的感觉；放手是一种勇气，也会有快乐，也很美丽。

当一段爱结束，当彼此都疲倦的时候，放手就是一种解脱。

面对一份已经无爱的感情时，当断则断，方显爱情本色。

没有爱情的日子并不代表快乐会远离你，换掉一份不属于你的爱情，你就不会在爱的痛苦中迷失自己，反而可以面对新的选择。

换掉一份过期的爱情，是对你自己和她（他）负责。

爱情过期就换，说起来容易，做起来也不难，但是情总会伤人（除非你没有付出真感情）。既然如此，就要在拥有时好好珍惜，不要总犯“曾经有一份真诚的爱情放在我面前，我没有珍惜，直到后悔莫及，如果上天在给我一次机会……我愿意是一万年……”的错误。

在爱情面前，你可以很专一，但千万不要爱错了对象。如果他或她不值得你痴情地去爱，如果他或她只是视爱情为游戏，那你可要擦亮眼睛，趁早离开。

爱情是两个人的事，当它变成一个人的一厢情愿时，不如换掉，谁愿意去做那只扑火的飞蛾？不要没原则地去爱一个人，虽然爱情常常会让人失去自尊，但如果完完全全失去自己，这种爱情不要也罢。

面对一份过期的爱情，最不可取的态度就是拖拖拉拉、犹豫不定。

我们希望爱情像恒星般永恒，而不是像烟花那样只有霎时的美丽。可是很多时候，爱情并不像我们期待的那样。曾经以为，想要遇见的这个人会是自己一辈子的依靠，会是一辈子牵手的人，然而，我们的爱情却因一个人的离去而无法继续。可是，你仍旧惦记着昨日的风花雪月，舍不得离去，舍不得放手。殊不知，有一种幸福是放手。既然发现已不适合，已无法再继续，已不如自己所想的那么美好，又何必甘冒风险，为了一种莫名的坚持而欺骗自己呢？

放手，即放开你紧抓住的、实际上并不适合你而你却自认为已经找到的幸福。也许在你看来是件难事，紧握的岂能说放就放，割舍心头之爱哪有那么容易的。但是，你可以借助另一只手，将你不肯松开的手指一根一根地掰开，也许会很痛，但痛楚过后就会有解脱的喜悦。所谓的另一只手，则是在你把握不定是否要放手时，倾听自己心底的声音，来帮你做决定，它或许不是最好的，却是最真实的。

放手的人是明智的，因为他们懂得珍惜，不管是在恋爱时还是分手后。

谁也不愿爱情如烟火般短暂寂寞，但是如果它不在了，就千万不要强求。为什么要让自己的心被禁锢，让自己的心感伤呢？就像买一件华而不实的衣服，却永远都不去穿它，这样的爱情没有值得珍惜的价值。

谁说喜欢一样东西就一定要得到它？很多人，为了得到自己喜欢的东西，用尽各种方法，甚至不择手段，却忘了在得到它的过程中也失去了更多的东西。他们失去了自己的青春、精力，或许还错过了真正适合自己的更美好的东西。谁说喜欢一个人就是要和他天长地久？喜欢一个人就要让他快乐、幸福，让他得到属于他自己的爱。他的喜怒哀乐、一举一动都会牵动你的心绪，他不高兴了，你就算得到他又有什么用呢？很多人苦苦追寻了一辈子，到头来却发现并不如自己当初想象中的美好。

不要轻易放手，但是一旦放手就不要轻易地回头。放了对方，也放了自己，给彼此一个新的未来。

7.选择爱情，并不等于放弃其他的情感

如果爱情成了生命的不可承受之重，那么爱情也就失去了意义。

爱情只是众多情感中的一种，除了爱情，我们还有很多东西，比如亲情、友情等。是的，亲情和友情可能没有爱情那般热烈与浪漫，却陪着我

们从生命的初始阶段一路走来,并将陪我们走到生命尽头。

我们可以保证亲情的不离不弃,却保证不了爱情的海誓山盟;我们可以保证友情的相濡以沫,却保证不了爱情的同甘共苦。既然如此,就好好珍惜我们的友情和亲情,不要只是把爱情放在首位而忽视了它们。

青春年少的我们往往对爱情比较向往、珍惜,从而忽视了其他很多重要的东西。"青春"是一个色彩斑斓的词汇,爱情只是其中的一抹色彩,没有爱情,青春可能会略有遗憾,但绝对不会凋落。

我们一直很怕看到"殉情"这个词,为爱而死是何等的悲哀,因为爱情只是生命的一部分。没了爱情,生命依然可以继续;但是没了生命,一切都将结束,我们又该拿什么去谈情说爱?没有人有权利因为爱情失意去剥夺鲜活的生命。道理谁都明白,但当自己成为局中人的时候却会茫然失措,失去爱情的时候也会痛心疾首,做出一些让人费解的傻事。

爱情容易使我们变得疯狂,变得不顾一切,可是历经大风大浪的爱情真的能够长久吗?当曾经热烈疯狂的爱情在生活中逐渐褪去浪漫的色彩,当我们逐渐恢复平静的思考,我们真的不会为付出的一切而后悔吗?所以,我们需要的是理性的爱,而不是吞噬一切的爱。更何况爱情的最终不又是亲情吗?

爱情应该是激励我们奋斗前进的动力,可是正值青春年华的我们又是怎样为爱奋斗的呢?而现实中又有多少的大学生甚至高中生为了所谓的爱情整日不思进取,浑浑噩噩,荒废了学业。某些人一旦染上爱情,就会变的不求进取,整日想着怎样制造浪漫,怎样和对方约会,这也是职场中一直以来忌讳"办公室恋情"的原因。记得某位哲人曾说过:"真正的爱情是催人上进的,而不是使你沉迷其中。"所以,爱情应该是两人共同奋斗追求的连接点,而且唯有努力奋斗去创造新的生活,才能使爱情更加的稳固与美好。

爱情是感情的驻扎点和寄托。爱情之所以存在,不仅是因为人类的繁衍生息,更重要的是它可以使我们的生活更加和谐美好。如果因为沉迷爱情而影响正常的生活，那这个所谓的爱情对我们又有何意义呢？

当然，美好的爱情需要我们的珍惜与呵护，但是并不意味着我们要为爱情放弃一切，因为生活不只是由爱情来主宰。我们需要美好的爱情，但不能为了爱情而贸然地对其他感情说“不”。生命里的一切我们都该珍惜，确切地说，我们没有依据排出它们在生活中的重要顺序。请珍惜生活中的点点滴滴，别让冲动的爱抹杀了我们生命中不可或缺的东西。

每个人都渴望有一份完美的爱情，但并不是每个人都清楚完美的爱情的定义是什么。完美的爱情是建立在完美的生活基础之上的，完美的爱情也不需要让你把一切都忽略掉。

“爱情是生命的火花、友谊的升华、心灵的吻合。如果说人类的感情能区分等级，那么爱情该是第一级的。”这是莎士比亚曾经说过的一句话。虽然这句话为爱情排了等级，但这里所说的爱情指的是理性的爱情，催人上进的爱情。所以，归根结底，爱情还是服务生活的。

爱情虽然美好，但不是我们的全部，更不是生活的主宰。希望每一个人都能理性地对待爱情，那样我们在有生之年回忆起往事才不会后悔当初的冲动与莽撞。

8.爱情与婚姻的抉择真谛

夫妻间最幸福的事，就是两个人一起慢慢变老。

爱情是美好的，婚姻是实际的。游走在爱情与婚姻的交叉口，不同的人，会做出不同的抉择。当爱情面临婚姻的抉择，有一部分人会尊重来自于父母的意见，因为他们听父母的话听惯了；还有一部分人，因为传承了“门当户对”的传统观念，结合自身条件，比上不足，比下有余，通常会遭遇“高不成低不就”的局面。后者通常从爱情的开始阶段，就非常理智。他们有自己的“目标”群，不是光靠感觉，他们首先会从是否般配这个角度去衡量这场恋爱是否值得一谈。当然，还有一部分人，爱情与婚姻的抉择于他们而言，就是精神与物质的抉择。他们对对方的感情不是很深刻，除此之外，对方各方面的条件都还不错，而自己又到了谈婚论嫁的年龄，“差不多”就可以了吧……

凡此种种，都是人们选择婚姻的初衷，我们似乎很难再听到“是因为很爱很爱一个人才结婚”的论调。爱情的开始只是喜欢，喜欢的东西总是让人难以拒绝，喜欢就应该长相厮守。可是为什么越来越多的人在面临结婚与否的问题时显得迷茫和困惑？婚姻的抉择真谛到底是什么呢？

有一男子，30岁了依然单身一人，也相了不少女孩子，但就是没有一回成功的，他把这一切归于姻缘未到。然而，当有人问他姻缘是什么时，他却一时语塞。其实，了解他的人都知道，他是一个理想主义者和完美主义者，对于一个又一个从身边经过的女孩子，他每次都怀着挑选精美艺术品的心态，不是嫌这个不够漂亮，就是嫌那个不够贤惠，要么就是觉得她太温柔、太依赖不能与他共挑人生的重担等。而他自己呢？从来都没有扪心自问自己究竟何德何能！

在他的心目中，所谓姻缘，也许因为太完美了，所以才那样稀少，或者，他就像拿着放大镜贴在物品上面，反而显得模糊不清。因此，一个又一个女孩总是无法与他成就一份姻缘。

这与下面这个故事也有不谋而合之处。

有一个人浪迹天涯，坚持要找一个最完美的人结婚。终于，苍天不负有心人，他找到了。可是，他仍然没有结成婚，因为那个最完美的人告诉他，她也正在寻找自己心目中最完美的人。

其实，真正的姻缘应该是生死相约的激情和面对琐碎生活的信心水乳交融在一起。

构成这一切的最坚实的基础是爱、理解与宽容，而婚姻的抉择真谛则在于，决定结婚时，明知极可能会有更好的人出现，但是此时此地此生，我就是选择了你，认定了你，并不是因为你最好、最漂亮、最有钱、最能干……而是因为你是现在最适合我的人，我们深深相爱。对待婚姻，我们还可以把它当作一种理想来努力奋斗和争取，不可以轻易地触摸和亵渎，不可以单纯地为了拥有而拥有。

当然，你也有权利继续千挑万选，继续等待前世冤家，等自己更有钱、更有智慧、更懂得看人时才结婚，但是请记住：生命只有一次。

婚姻并非儿戏，它是神圣的、圣洁的。但婚姻生活又是具体的、琐碎的，而且总会有这样那样的不足和缺憾。因此，游走在爱情与婚姻的交叉口，一定要三思而后行：我为什么要走进婚姻？我有充足的心理准备去面对日后婚姻有可能出现的种种问题吗？如果你能想清楚这些问题，那么，在选择婚姻时就不会那么盲目和轻率。完美的婚姻意味着对自己负责，对家人负责，对爱情本身负责，甚至对下一代负责，因为慎重选择、深思熟虑过，我们就有理由让自己、让大家看到更多幸福的曙光，不是吗？

结婚以后，无论贫困还是富裕，你都不能迷失了自己，你必须时时充实自己，培养良好的审美取向和对生活的热爱，学会欣赏自己、信任对方……同时，你也应该明白，人生之路，不会总有枝繁叶茂的树、鲜艳夺目的花朵、蝶足蜂舞的美好景色，也会有阻挡在前的高山和荒凉的沙漠；不会总有阳光照耀下缤纷的色彩，也会有阴天时的迷雾重重。生活中的磕磕绊绊、吵吵闹闹、坎坎坷坷都是难以避免的，只要对方没有犯什么原则性的错误，就不要随随便便地说离开，不要轻易地就对曾经暗暗憧憬过无数遍的美好婚姻失去信心。既然走到一起，既然朝朝暮暮地在一起生活，就要抱定相伴一生、白头偕老的爱情决心。

看到那些老年夫妇互相搀扶着行走在黄昏的风中时，难道你不会心生向往吗？他们一路风雨，陪着对方慢慢地变老，一定有许多曲折动人的故事不断上演，而这些故事中最让人感动的莫过于关于婚姻的诠释了——一旦认定了彼此，一旦无怨无悔地步入了婚姻的殿堂，就应好好地经营自己一生的幸福。

9.既然选择婚姻，就要接受爱情和婚姻的落差

人生本来就充满了各种缺陷，完美只是我们的想象，婚姻也是如此。恋爱的时候，我们总是把对方想象得过于完美，但随着婚姻的到来，我们越来越发现曾经的爱好像没有了，有的只是不停地抱怨与不满。到底是什么导致了我们的这种心态呢？

有这样一句话："不要因为失去月亮而哭泣，因为那样你会失去整个天空！"对于婚姻也是如此。每一个婚姻都有它的缺陷，如果你要求太过完美，你也会失去整个婚姻，进而感觉不到幸福的存在。

如果说渴望完美是人天性中亘古不变的欲求，那么欣赏缺陷就是智慧：它告诉我们完美很多时候是假象，有的时候是陷阱，就像高山凸起的地方一定会有变幻莫测的深谷相伴，耀眼的光亮闪过必然有无法预料的黑暗袭来……完美在更多的时候是冲突，这种冲突不动声色，可它对你来说可能是很残酷的心灵打击，让你的心理频频出现告急的时刻，让你永远处在伤心中无法自拔。

家庭是婚姻的产物，也是婚姻的磨合地。家庭是一个避风港，是你休憩和恢复活力的地方。如果你想生活得幸福富足，安心在事业上发展，你就一定要有一个美好的家庭。

家庭，提供你安全感，让你感到温暖。幸福的家庭是成功的基础，但是一定要切记，美好家庭是自己营造出来的，它的成功就在你的手上。

创建美好的家庭，其前提是要有一个美好的婚姻。婚姻美满，家庭便会和谐，相对的，父母子女也能得到温暖的气氛和安全的保障。一个人

早年过的是否幸福，视父母婚姻美满程度而定，至于家庭是贫是富，影响并不大；长大成家是否感到幸福，则与自己的婚姻情况有关。婚姻不但影响一个人的心理生活，甚至影响事业前途。汉朝司马迁研究历史，发现婚姻与个人成败攸关，因而司马迁在《史记》“外戚世家”中说：“夫妇的关系，是人道中重大的伦常，礼的作用，特别是对婚姻谨慎小心。”

许多人都知道婚姻的重要，所以特别注重选择对象，但很少去探究如何培养美满的婚姻，如何缓和彼此间的紧张情绪，如何挽救琴瑟失谐的婚姻现状。这也许就是现代社会离婚率逐渐增高，使离婚家庭的子女失去应有温暖的原因。

想要培养美满的婚姻，使婚姻持久地维持下去，先生应有好的礼貌和态度，尊重和关心妻小；太太也要在生活上尊敬先生，有礼貌，言辞谦和。

将这些原则加以引申，我们可以发现几个培养美满婚姻之道。

(1)关心自己的婚姻。

美好的婚姻和家庭不单是从选择伴侣中得来，更要经过一段时间的学习和培养而获得。许多人常怀着错误的观念——等待配偶顺从自己，而从未想自己也有调适的责任；另外一种错误的态度是漠不关心，抱着“合不来就离婚”的想法。这两种心态，都缺乏积极争取圆满婚姻的信念，所以多少会影响其婚姻幸福。一个人要想和自己的配偶圆满好合，一定要对自己的婚姻和家庭给予关心。有意去改善它、培养它，才可能获得好的婚姻生活。

(2)情意交流。

夫妻间的情意必须交流。许多琴瑟失调的夫妻，都是由于不能沟通情意而引起。沟通必须是和谐的、双方的、互相接受、互相尊敬的。沟通不只能透过语言进行，也能透过表情、行动、姿势等表现出来。就其重要性而言，表情、行动及姿势等非语言沟通有时比语言沟通来得更重要。夫妻间的沟通必须是真诚的交谈，是和气的对话；可以在茶余饭后聊天中沟通，也可以在散步中倾谈。在情意交流中，最重要的是倾听对方的意见，真诚地表达自己的看法。倾听别人说话，就表示自己能接受对方的意见，能和气地表达自己的看法，容易被对方接受。

(3)消除纠纷。

夫妻两人对事物免不了有不同的意见，但是如果为了不同的意见或一时的急躁而吵得面红耳赤，对彼此都有损无益。它不但影响心情，还会引起身体的疾病，如高血压、头痛、失眠等。因此，夫妻之间必须有一个共同的信念：如果发生争吵，彼此都有消除它的责任。

TIPS：以下介绍几种避免争吵的原则

(1)谁也不可能时时刻刻都了解你。

明白这一点，你就不会因为对方不了解你而生气争吵。不要把对方的事当作自己的事，要避免唠叨，重要的事要予以重视，小事最好一笑置之。对方没有理由不分清红皂白地去接受你的意见，接受的过程是了解，了解需要时间做冷静的讨论。若对方坚持己见，要多说自己的感受，少做责备与批评。引起争吵时，应及时停止，立即控制。暂时放下不谈，可以防止争吵爆发。当你想发脾气时，记着向对方接近，握着对方的手，放低声调，这样自然会使气氛改变，恢复平静；快动肝火的时候，要告诉自己：“明天我再好好地臭骂你！”这样便能把一时的气愤忍住，明天时过境迁，自然重归于好，那时你想大动肝火也动不起来了。

(2)放下不合理的要求。

人是不会知足的，某些欲求得到满足，新的欲求就会出现。婚姻关系中，对配偶的要求也是一样。有的人把自己的婚姻拿来跟别人比较，在配偶面前赞美别人恩爱，羡慕别人的成就或温柔体贴，到头来只是伤了彼此的自尊，破坏自家的和气。羡慕别人的恩爱，埋怨自己的福薄，并不能提升自己婚姻的幸福。事实上,每一对夫妻都有自己的特质,是不能相互比较的。别人家的优点抄袭不得,更不可能勉强模仿。美满婚姻的唯一之道是相互尊重与鼓励，从不断适应与改进中，学会互相欣赏优点,互相体谅与包容缺点。

(3)婚姻甘苦在人为。

真的关心自己的婚姻,就得主动改正和适应。使婚姻真正快乐的是彼此欣赏和爱护对方的特质。弗洛斯特曾说:“我们对万物之爱,是爱其本来面目。”如果我们不把对方变为自己的从属,期待他(她)成为自己心目中的人物,而能彼此接受,那才是真爱。所以,既然选择,就去接受吧——即使有缺点和坏习惯。

10.选择包容婚姻,就选择了幸福

有句俗话说:“婚姻如饮水,冷暖自知。”每个人都会步入婚姻的殿堂,和另一个人开始过一种新的生活。有首歌的歌词写得好:“相爱容易相处难。”

天天面对油、盐、酱、醋、茶,少了激情,少了浪漫,少了先前的关注和相互之间的体贴。认为是自己家里,不用那么累,什么缺点都暴露无遗,悠然地享受着对方的奉献与付出,似乎是理所当然、顺理成章的事。渐渐地,心里感觉失去了很多,付出了很多,却得不到对方的理解与珍惜。日积月累,开始有怨恨之心,面对生活的种种不如意,失落在心中一点点地聚积。

于是,开始责备,开始争吵,开始渴望自己的付出得到回报。这样就进入了一个怪圈:越是想自己的付出得到回报,就越感觉失望;越感觉失望,就越不停地抱怨;慢慢地失去了耐心,慢慢地灰心。最后,为了孩子,为了家庭,为了自己的名声,凑和着过完下半辈子。

没有不争嘴的夫妻,气头上骂无好言、打无好拳,但不要把太伤人的话说出口;夫妻没有隔夜仇,不要记恨,不要冷战,要多想一想自己是否做得不好。

如果退一步,想一下对方的好,少一点责备,多一点宽容,在他(她)拉着脸不高兴时,想着也许是工作上不顺心,也许是生活上压力太大,也许是心情不好,然后默默送上一杯茶和你温馨的笑容,让他(她)感觉外面风浪再大,回到家就是小船驶进了港湾。也许你辛辛苦苦做好了饭菜,而他(她)却大大咧咧地说不好吃。原谅他(她)说的话吧,只因为你是他(她)最亲的人,他(她)才会少了顾忌,直言以对。

每个人都希望自己的爱情走入婚姻后,能够执子之手,与子偕老,没有人愿意半途而废。可是,相爱容易相守难。恋爱时,可以尽情地花前月下,尽情地浪漫。那时月缺是诗,月圆是画,一切都充满了激情。但婚姻是耳鬓厮磨的相守,更多的是柴米油盐及琐碎平淡,日子久了,激情便会褪去。这时,需要相濡以沫的包容和理解。

或许,你有你的缺点,他有他的毛病,这都没关系,没有谁是完美无缺的。可以争吵,也可以要点小性子,但要风过云散。如果总为一些无关紧要的事情闹得不欢而散,没完没了,婚姻就失去了本来的意义。

很多时候,宽容别人,也是宽容自己。宽容可以让人心境变得淡泊,不再急躁,生活也会随之轻松,并多了一份淡定从容,少了一份伤害。尤其是女人,计较的越多,越难以快乐。

当他没完没了地盘问你、抱怨你、指责你、跟你发脾气时,你或许觉得很委屈、很疲惫、很难过、很生气,但也许他此时只是心情不好,需要你在身边陪陪她,需要找个人发泄一下心情,并不是想跟你吵架。

夫妻之间没什么不可逾越的矛盾,也难以说清谁对谁错,缺少的只是沟通、理解以及包容。再坚强的人,心灵深处也有最柔软的地方,也有需要关怀、温暖的时候。

每个人都有选择自己生活方式的权利,但有时适当地换位思考一下，或许会让我们懂得去理解、去宽容。拥有健康的身体，拥有温饱的生活，拥有爱着的人，我们应该懂得珍惜，懂得知足，懂得感恩。之后，我们要做的，是趁来得及的时候，多给我们爱着的人一些幸福快乐。

幸福也很简单，它就是一些平淡的琐碎细节堆积起来的。比如晚归时一个关切的电话，忙碌时一个疼爱的眼神，出门时一句细心的叮嘱，饥饿时一碗冒着热气的饭，深夜里一盏守候的灯，进门时一个深深的拥抱，醒来时一个轻轻的吻……

婚姻不是生意，但也需要经营。如果放任不管，或许婚姻还在，但爱情和激情早已远去。对男人来说，婚姻是一种责任；对女人来说，婚姻更需要包容。但这种包容是相互的，不是单方面无止尽的包容，也不是纵容。任何事情都是有限度的，包括耐心。当一个人的忍耐到达极限，情绪累积到一定程度，爆发的结果往往是无法挽回的。

在这场经营中，女人该学着收敛，偶尔可以无理取闹一次，也可以有小女人的任性，但一定要看场合，要懂得适可而止，以大局为重；男人则该适时地表达自己的想法，或者用行动，或者用言语，一定要让她知道你深爱着她。

爱是一种奉献，是一种不图回报的付出，是默默地想爱着的人过得好的心情。有了宽容之心，有了不图回报之意，你就会发现生活有所不同。允许自己所爱的人有自己的精神空间，爱他就要连他的缺点一起包容。没有了心中的不忿，没有了怨恨的眼神，你会发现家里充满了温馨，和谐的气氛是那样的美好，生活原来可以如此幸福。

正因为你的宽容，让你爱的人感觉到了你的温情；正因为你的宽容，家里飘着温馨的气氛；正因为你的宽容，教会了孩子爱的真谛。

婚姻如水，宽容是杯。这样才能营造一个好的家庭氛围，才能使生活过得有滋有味！

人的一生，要走很长的路，经历很多的事情，婚姻、家庭、亲情、友情，这些都是最该珍惜的，其他的不过是过眼烟云。

生活总是此起彼伏,从不曾消停过。可是抽刀断水,又如何能一刀下去就断得干脆彻底?所以,两个人的感情走过很长的路,走进婚姻并不容易,如果可以,请尽力珍惜。

期待来生,也是因为今生有太多的遗憾。把今生过好是多么的不容易,能把握好当下,才是最大的幸福。

11.打点“围城”内外的零碎——选择了婚姻,就等于选择了一种生活

婚姻不仅仅是两个人的事情,而是把两个家庭拴在一起,它是爱情、亲情、友情的综合体,每一份情都要认真打理、小心呵护,所以,仅仅有爱情是不够的。婚姻是门学问,需要夫妻同心、时时用心、处处留心,并有处变不惊的能力和化干戈为玉帛的气度。

重视家庭,处理好家庭与事业

对有事业心的人来说,家庭是幸福而又沉甸甸的字眼。想要事业取得成功,就必须投入极多的精力,时时刻刻和家人在一起就成了一种奢望。因此,有一个和睦的、支持自己干事业的家庭,显得尤为重要。

常听一些职场人士说,工作再苦再累都不怕,就怕家里有什么变故,诸如爱人闹情绪、女友吹灯、父母孩子生病等,碰到这种事,真是感觉心惊肉跳,想回家处理又不大方便,常常急得火烧火燎。正如鲁迅先生说的:“无情未必真豪杰,怜子如何不丈夫。”如果“后院”起火了,工作上能不分心受影响吗?

但是,事业的拼搏和家庭和睦两者并不矛盾。从某种意义上讲,有事业心的人,家庭应当比普通人的家庭多一些理解,多几分关爱,多一点和睦。

(1)充分利用家庭时间。

不要仅仅是“待在家里”，而要积极表现出对每个家庭成员的关心，关注他们的事情胜于其他。

(2)把家庭纳入日程表。

也就是说，要预留出特定的家庭时间，可以是周末或假期，也可以是对家庭具有特殊意义的日子，如结婚纪念日或子女的生日。这些事情是可以提前预知的，将这些日子或者这些天中的某段时间预留出来，甚至可以写进日程表，像尊重对工作的承诺一样尊重这些家庭时间。

(3)重视家庭里的一些特别事情，并举行特殊的庆祝仪式。

可以请家庭成员外出就餐来庆祝儿子赢了比赛，也可以举办一个小仪式来表彰女儿取得了好成绩，或者做一些特别的事来感谢家人为自己的操劳。

(4)即使远离家庭，也要让自己显得很近。

出差的时候要经常打电话回家，就算简单地说几句，也要和家中每个成员说说话；出门之前要和每个家庭成员告别，回来的时候要让他们感受到你有多么想念他们；常常留下一些小纸条或者带回一些小礼物，证明他们在你心目中很重要。

(5)与家庭成员分享事业。

不是说要让家庭成员完全了解你工作上的事，而是在他们的理解范围内，让他们大致了解你在做些什么，面临着什么样的困难，你的目标是什么，为了实现目标你正在做什么，等等。

美满的家庭是事业成功的基石，只有“大后方”稳固，无后顾之忧，你才能放开手脚，真正把工作当成事业干，各项事业才能兴旺发达。无论是为了家庭、事业或者单纯地只是为了婚姻，对待家庭，都不可不谨慎。

选择生下孩子，就要为他叫好

有句话是这样说的：“美国人的钱在犹太人的口袋里。”

资料表明，占美国人口不足4%的犹太人，拥有全美国20%的财产。

海涅、贝多芬、门德尔松、马克思、爱伦堡、爱因斯坦、卓别林等一批名人都来自犹太民族。1948~1989年迁往以色列的犹太移民中,具有博士和博士后、教授头衔者不下10万人。以数量论,这个民族并没有多少优势,但它以在世界各地取得的非凡成就而令人瞩目,原因就在于他们重视人口素质的培养。重视教育是犹太人的传统,在他们中,接受高等教育的比例相当高。投入的方式很大程度上决定了产出的效益。父母们可以选择,是增加教育投入得到一个高素质的孩子,还是以较低成本抚养一个平庸的孩子,这两者的价值差异显而易见。

孩子有价,从某种意义上说,作为特殊的投资品,如果投资得法,带来的收益也非同一般。

网坛明星格拉芙的父母堪称深谙此道。

格拉芙4岁的时候就开始接受网球训练了。作为她的经纪人、教练员、陪练员、保镖和监护人的父亲老彼得就把培养女儿作为自己投资的事业。随着球艺的提高,格拉芙的年收入也从上百万马克增至上千万马克,这其中自然少不了她父母的一份。1996年,老彼得被指控替格拉芙偷税,金额高达1300万美元,媒体纷纷指责他的贪婪。过分强调孩子的投资和效益会令金钱关系消蚀掉家庭中的亲情。然而,体坛上的经纪人父亲的确多起来了。可是,谁又能否认他们将从这份投资中获取回报呢?

穷不要紧,家庭平凡不要紧,如果懂得教育平凡的孩子,也照样能创出不平凡的事业;富不要紧,不要富孩子,要富教育,这样倾家荡产会永远远离你。

家庭是爱的港湾,有了这种爱的包围,才能让孩子健康快乐地成长。

孩子是家庭最大的资产,懂得用心的父母,将会收获明天的精彩。

一定要用心去发现孩子身上的每一个闪光点,及时鼓励孩子,学会为孩子喝彩,帮助孩子在人生的海洋中扬起理想的风帆,顺利远航。

有这样一个故事,讲的是一位妈妈对儿子期望值很高,希望儿子将来能成名成家,但儿子无论怎么做都不能令妈妈满意,常常被骂“傻瓜”、“笨蛋”。原本聪明的儿子在妈妈不断强化的负面暗示下，终于对自己的前途失去了信心，于是破罐破摔，最后的结果想必大家已经猜到了——世界上又多了一个碌碌无为的人。

应该认识到，每一个孩子天资相差并不多，孩子的可塑性是很强的。如果你能在孩子成长的关键时期不断鼓励孩子，就会使看似普通的孩子信心百倍，充分发挥出自己的潜能，成长为对社会有用的栋梁之材；如果你对孩子期望值过高，一遇到挫折就打击、埋怨孩子，就会使原本很有潜质的孩子丧失前进的勇气和动力，甚至沦为平庸之辈。

此外，学会为孩子喝彩，使孩子懂得珍惜、懂得坚强，让他在潜移默化之下也学会为我们喝彩。每当我们在工作学习中取得了成绩，不妨和孩子一起分享成功的喜悦。这样做，你会惊奇地发现，每当遇到烦心事，乖巧的孩子居然也懂得替你分忧解愁……合格称职的父母一定是自己孩子的知心朋友，是孩子取得成绩时可以第一个和他分享快乐和成功喜悦的人，是孩子遇到挫折和失利时最愿意倾诉的对象。

爱自己的孩子，就要懂得欣赏他，懂得在孩子的身上发现闪光点，重视他在成长过程中的每一个细小的进步与成功，并且大声地告诉他：你真棒。学会为孩子喝彩，相信在不远的将来，孩子一定会在你为他营造的充满爱心的氛围中健康、快乐、幸福地成长，成为父母喜欢、社会需要的茁壮的大树。

女人选择了婚姻，就要学着和婆婆搞好关系

常言道：家家有本难念的经。其中最难念的一本就叫“婆媳经”。

一说起婆媳关系，很多人的脑海里就会出现几个词：纠结、复杂、难搞、天敌。更多的人会想起家庭伦理剧中，类似《双面胶》、《媳妇的美好时代》，似春天里的阴雨一般绵绵不绝的婆媳大战。两个女人为了一个同样深爱的男人，稍有不慎就会闹得鸡犬不宁。

婆媳关系是当代社会最复杂的一种人际关系。形式上，它属于亲情当中的一个分支，包括纵向的血缘关系（婆婆和儿子）和与之形成鲜明对比的横向的夫妻关系(媳妇和丈夫),这都显示了它纵横交错的复杂性。从表面上看,婆媳关系是两个女人之间的关系,其实是“三角关系”,甚至是更多人之间的关系。

仔细观察,婆媳关系好似一种博弈。所谓博弈,是指在一定的游戏规则的约束下,基于直接相互作用的环境条件,各参与者依靠所掌握的信息,选择各自的策略(行动),以实现利益最大化和风险成本最小化的过程。

男性无论到什么年纪,都会服从和依恋母亲,这是一种心理上还没有断奶的现象。依恋过度,他就无法与妻子建立亲密关系。而女人都十分在意丈夫与婆婆之间的纽带关系,这种关系越是牢固,做媳妇的就越是强烈地渴望切断它,好让丈夫的心思都集中在自己和这个小家上。从小家的利益出发,媳妇希望尽快从婆婆手里将丈夫夺过来,如果婆婆恰巧又不愿放手的话,两个女人争夺一个男人的家庭战争就会爆发。

可以说,在婆媳关系紧张的家庭,大多有一个不成熟的男人,也就是这个身兼儿子与老公角色的男人。最新的心理学研究也表明,婆媳关系不好,有一个重要的原因是儿子/丈夫在心理上没有长大,无法成熟地处理婆媳之间的差异,因此导致家庭关系紧张甚至破裂。

处于“夹心饼干”地位的男人表面上值得同情,其实,正是他的不成熟,才导致了被“两面夹击”的局面。

婆媳关系看似是两个女人之间的游戏,其实真正的“主角”是那个作为儿子、丈夫的男人,而且不仅决定着小家的幸福,还决定着男人、女人原生家庭的和睦,博弈关系相当明显。

可惜,少有女人了解博弈论,更少有人因此而行动。她们往往执着于一己之愿,感情用事,使得婆媳关系成为你死我活的敌我矛盾,最后的结果不是两败俱伤,而是两败多伤。

博弈论中著名的“囚徒困境”,说的是假定每个参与者(“囚徒”)都是利己的,都寻求自身利益最大化,而不关心另一参与者的利益,那么“囚徒困境”就产生了,由此反映个人的最佳选择并非团体的最佳选择。

可以说,在婆媳关系的“囚徒困境”中挣扎的不仅仅是两个女人,还有她们所爱的那个男人,甚至波及“小家”和“大家”中的所有成员。如果婆婆和媳妇都从自己的角度出发看问题, 并寻求自我利益的最大化,而不关心另一参与者的利益,婆婆、媳妇各自为政,为了争夺男人的爱和家庭控制权明争暗斗,结果只能是博弈失败。

所以,婆媳关系的改善,重点要看男人的成熟度。在选择老公时,如果你不想以后的生活都在跟另一个女人抢“男人”中度过,切记,没有过断奶期的男人还是把他还给他的妈妈吧。但如果不幸,你已经选了一位心理还未长大的丈夫,那就只能帮助他快速成长,早点成熟起来,使之能够很好地化解你跟他老妈之间的矛盾。

TIPS:你和未来公婆的关系

问题:在老人的面前有一个年轻人,年轻人手中拿着一个盘子,你认为盘子里有什么?

A.几个桃子

B.几朵花

C.烤乳猪

D.一把青菜

选择A:讨人喜欢的儿媳。你很会奉承未来的公婆,“马屁”拍得不露痕迹,相当讨人喜欢,还不用耗费太多本钱,堪称高手。这和你知识丰富、个性开朗而具有幽默感有关。你是公婆的“开心果”,他们在情感上被你征服,不仅不挑剔你,还会反过来关心你,叫你吃饱穿暖、多休息、穿漂亮,甚至还常常表露给你零花钱的愿望。女人做到这份上真是不容易。

选择B:用金钱“收买”公婆的儿媳。你是个爽快的人,在金钱方面特别大方,因此常得到公婆的赞誉。日常生活中,你绝不会疑神疑鬼,只做自己想做的事,所以绝不会成为挑起家庭事端的那个人。但由于你不太关心其他,个性独立而谨慎,所以公婆可能会对你颇有微词,不过看在你对待他们“挥金如土”的分上,也就不多说了。

选择C:可能是“吃力不讨好”的儿媳。你很会体验生活乐趣,也会考虑现实的生活问题,所以你其实是个很愿意为他人着想的人。但由于你比较粗心,心思不够缜密,所以未必能把马屁都拍到要点上,挑剔的公婆可能会因此发难,导致你明明是好心,最后却弄巧成拙。你是做错一步就会自甘堕落的人,所以任何事都小心谨慎,一旦有了挫折感,家庭关系便很难恢复。

选择D:以心换心的儿媳。你是个能满足于生活现状的老实人,不必说谎也能过得很好,心地善良而有爱心,是受人欢迎的类型。俗话说“傻人有傻福”,你未来的公婆也是宽容敦厚的老人家,你们彼此怀着诚意对待对方,都能为对方着想,而不是挑毛病和责难,家庭关系因此温暖和谐,真的就像一家人一样。

第七章

健康是可以选择的
——想要实现梦想，就必须拥有健康做保证

想要实现自己美好的愿望，必须拥有健康做保证。

健康是可以选择的？没错，教育、知识、毅力都可以提高一个人的健康商数。世上没有万能的健康秘方，但只要热爱生命，积极生活，并且养成良好的生活习惯，就一定能走出自己的健康之路。

1.身体是可以改善的，健康是可以选择拥有的

如果说人能活到80岁，那么前20年的健康是父母养的，后60年的健康则绝对是自己给的。为自己好好活着，也是为家人好好活着，活着的首要条件是健康。

有人归纳出了健康生活的八要素：营养、水分、阳光、空气、锻炼、节制、休息、信念。

现代生活正日益步入小康水平，人们不缺营养、水分、休息、信念，却忽视了锻炼、节制、阳光、空气。自视年轻，或是努力工作，或是暴饮暴

食,或是生活无序,或是贪玩好乐,把健康置之度外,于是身体亮起红灯,不得不往返医院……

健康是人生的不可或缺的元素,想要让健康听从自己的安排,就需要认真、小心地去对待、去呵护。

都说健康是根本,如同地基一样。健康是1,事业、财富、婚姻、名利等都是后面的0。由1和0可以组成10、100等多种不同大小的值,成就人类与社会的和谐旋律。如果没有健康这个1,其他条件再多也是0。没有健康就没有一切,所有的0都是健康1的外延和扩展!因此,没有什么比健康这个1更重要。

繁忙的生活,高速的节奏,我们为了获取更多的幸福并努力追寻时,却忽略了健康。当你回头想去捡拾它时,你才发觉那是多么困难甚至是不可能的一件事情!如果永远捡拾不回来,再多的幸福也填补不了它的空缺。健康,就是这么一种简简单单的幸福。唯其简单,人们才更容易忽视它;又唯其简单,人们才更容易把握住它。把握了这个幸福,才能更加从容地收获其他的幸福。

上天给了我们最初的健康,有点像在银行里为我们存了一笔款,但其数目不足以保证你一生生活无忧。

所以,你不能吃老本,坐吃山空,而应让它保值、升值。

你可能已经烟离不开手、酒离不开口,也可能毕业后再没有进过体育场。你也许有这样或那样的借口,如工作太忙没时间,家里杂事太多没空闲,周围没有运动设施等。但你要明白,只有一个人能帮助你保证身体健康,消除紧张感,免除疾病之苦,那个人就是你自己。

有意或无意地忽略自己拥有的一切,似乎是人类共同的弱点。健康也是这样一种东西,它通常在我们的少年、青年乃至中年阶段忠实地陪伴我们,而我们却习惯性地淡忘它、漠视它。千万不要等到躺在病床上才明白健康是福;不要等身体出了毛病,干不动工作了,才有时间锻炼;不要等烟酒威胁到身体健康才戒烟戒酒。需牢记:有了健康的“1”,才能在后面加“0”！

如今，越来越多的发达国家和地区的豪富们不比阔气比健康。

在美国，多数实业家认为，一个人无论有多高的权势、地位和名气，如果不能保持普通人的心态，没有正常人的健康，就不会有真正的快乐；在日本，清心寡欲、俭朴自然之风正吹遍这个昔日以“工作狂”出名的岛国；在我国台湾，20年前，大老板们聚在一起，比的是坐骑、手上的手表、项上的宝石、身上的衣服，而如今，他们比的却是谁的血脂、血压、血糖、胆固醇低，谁的腰围没超标，因为他们懂得只有先拥有健康，才可以去争取其他。

并不是说只有富人才需要健康，举他们的例子只是希望用这些典型的例子说明健康的重要和可贵。然而，令人担心的是，还有众多的现代人却没有意识到这一点，越来越多的人正在面临着“健康危机”的侵袭。

但是，身体是可以改善的，健康是可以拥有的，抵挡“健康危机”最好的办法就是改变你的生活方式。一份英国资料显示，在因疾病死亡的人中，54%与生活方式有关，22%与环境有关，8%与提供的卫生服务有关，18%与遗传有关。可见，不文明的生活方式和不健康的生活环境是健康的最大敌人，而向这些“敌人”发起挑战可谓是刻不容缓的事情。

向健康的“敌人”挑战，首先要懂得劳逸结合、享受有度，对于现代人来说，这一点应该放在头等重要的位置。因为生活、工作的压力和令人眼花缭乱的娱乐方式，很容易让现代人忘记健康，迷失自己，透支自己的生命。特别是有些年轻人，在一天忙碌的工作之后，不是回家好好地休息，而是选择去酒吧、迪厅等场所。偶尔去一下这些地方，的确有助于压力的宣泄和释放，但长此以往，对于机体来说是极度严重的摧残，身体机能会严重受损。此外，合理膳食以及适度的运动也是保持健康的重要因素。有人将这两方面总结成了几个字，大家不妨借鉴一下。

(1)一、二、三、四、五。

“一”指每天饮一袋牛奶,可有效改善我国膳食钙摄入量普遍偏低的现象。

“二”指每日摄入200克碳水化合物。当然,如何获取这些碳水化合物宜因人而异。一般来说,一个成年人一天大约需要6~8两的主食来满足碳水化合物的摄取。

“三”指每日要进食3份高蛋白食品,如鸡蛋、鱼、肉等。

“四”指食物要有粗有细、不甜不咸,要少食多餐,每餐保持七八分饱。

“五”指每日应摄取500克蔬菜及水果,这对预防高血压及肿瘤至关重要。

(2)红、黄、绿、白、黑。

“红”指每日可饮少量红葡萄酒,可以选择每日进食1~2个西红柿。

“黄”指黄色蔬菜,如胡萝卜、红薯、南瓜等,它们对提高儿童及成人的免疫力极有帮助。

“绿”指绿茶及绿色蔬菜,它们具有防感染、防肿瘤的作用。

“白”指燕麦,食用燕麦对糖尿病患者效果更显著。

“黑”指黑木耳,常食有助于预防血栓形成,多食有益。

(3)适量运动三、五、七。

“三”指每天步行30分钟,3公里以上。

“五”指每周至少有5次运动时间。

“七”指中度运动,即运动的心率加上年龄等于170。

无论平时怎样做,方法只是解决问题的途径,面对“健康危机”,保持平和的心态才算得上是真正掌握了健康的钥匙,能更好地享受美妙的人生。

TIPS：身体器官作息时间表

任何试图更改生物钟的行为，都将给身体留下莫名其妙的疾病，二三十年之后再后悔，已经来不及了。

一、21:00~23:00为免疫系统(淋巴)排毒时间，此段时间应安静或听音乐。

二、23:00~1:00，肝的排毒，需在熟睡中进行。

三、1:00~3:00，胆的排毒，亦同。

四、3:00~5:00，肺的排毒。此即为何咳嗽的人在这段时间咳得最剧烈，因排毒动作已走到肺；不应用止咳药，以免抑制废积物的排除。

五、5:00~7:00，大肠的排毒，应上厕所排便。

六、7:00~9:00，小肠大量吸收营养的时段，应吃早餐。疗病者最好早吃，在6:30前，养生者在7:30前。不吃早餐者应改变习惯，即使拖到9点或10点吃，都比不吃好。

七、半夜至凌晨4点为脊椎造血时段，必须熟睡，不宜熬夜。

一天从睡梦中开始

1:00人体进入浅睡眠阶段，易醒。此时，头脑较清楚，熬夜者想睡反而睡不着。

2:00绝大多数器官处在一天中工作最慢的状态，肝脏却在紧张工作，生血气为人体排毒。

3:00进入深睡眠阶段，肌肉完全放松。

4:00“黎明前的黑暗”时刻，老年人最易发生意外，糖尿病患者易低血糖，心脑血管病患者易发生心肌梗死等。

5:00阳气逐渐升华，精神状态饱满。

6:00血压开始升高，心跳逐渐加快。高血压患者需要在此时吃降压药。

7:00人体免疫力最强。吃完早饭，营养逐渐被人体吸收。

8:00各项生理激素分泌旺盛，开始进入工作状态。

9:00适合打针、手术、做检查等，此时人体气血活跃，大脑皮层兴奋，痛感降低。

10:00工作效率最高。

10:00~11:00属于人体第一个黄金阶段，此时精力充沛。

12:00紧张工作一上午后需要休息。

下午时光也应从睡梦中继续。

13:00是最佳的“子午觉”时间，不宜疲劳作战，最好躺着休息半小时到一小时。

14:00反应迟钝，易有昏昏欲睡之感，人体应急能力降低。

15:00午饭营养吸收后逐渐被输送到全身，工作能力开始恢复。

15:00~17:00为人体第二个黄金时段，最适宜开会、公关、接待重要客人。

16:00血糖开始升高，有虚火者此刻表现明显。阴虚、肺结核等患者脸部最红。

17:00工作效率达到午后时间的最高值，也适宜进行体育锻炼。

18:00人体敏感度下降，痛觉随之再度降低。

19:00最易发生争吵，此时是人血压波动的晚高峰，人们的情绪最不稳定。

20:00人体进入第三个黄金阶段，记忆力最强，大脑反应异常迅速。

20:00~21:00适合做作业、阅读、创作、锻炼等。

22:00适合梳洗。呼吸开始减慢，体温逐渐下降，最好在10:30泡脚上床，能很快入睡。

23:00阳气微弱，人体功能下降，开始逐渐进入深度睡眠，一天的疲劳开始缓解。

一天也要从睡梦中结束

24:00气血处于一天中的最低值，除了休息，不适宜进行任何活动。

2.选择适合自己的运动方式

运动对于保持健康的重要性，我国古代就认识到了。因此，很早就有“养生莫善于习动”和“一身动则一身强”等一些俗语。这些俗语揭示了生命的一条极为重要的规律——动则不衰。运动和生命息息相关。一个人要想健康长寿，就必须经常运动、活动和锻炼，这对于任何人来说都很重要。反之，也是一样，如果长期坐着，缺乏运动，这个人的健康一定会大打折扣。

据某项研究调查表明：至少有60%的人处于亚健康状态，并且城市中亚健康状态的人的比例比乡村、小镇等明显高出很多。那么，导致亚健康状态的原因是什么呢？由于经济的发展，生活水平的提高，现代科学技术的进步，使得人们的体力劳动日益减少，活动量也越来越少。现在，许多家庭都已经机械化、电气化、智能化了，洗衣机、煤气灶、电饭锅、吸尘器，甚至机器人也进入了家庭，使人的运动越来越少。在生活中以车代步、以电梯代楼梯的人越来越多，从健康角度来看，这是非常不利的。它使得身体素质越来越弱，许多“文明病”逐渐增多，肥胖症、高血压、糖尿病、冠心病、脑中风、腰腿痛等患病人数不断增加，患病年龄越来越小。

现代医学已把这些病归类到“运动不足病”，认为缺乏运动是重要原因。要改变这种状态，应从加强运动锻炼入手，有意识地、主动地进行运动。在日常工作和家庭生活中，要尽量多地活动各个部位，如果一味地贪图安逸享受，怕苦怕累，懒得动手动脚，久而久之，四肢肌肉就会变得软弱无力，骨骼就会疏松，各器官的功能也会退化减弱，继而多种疾病缠身。

“用则进，废则退”，这是生物学上的一条重要规律。也就是说，不管生活环境多么好，食物多么绿色和优良，休息得多么充分，如果缺少了运动，健康仍然站在距离你遥远的地方。

健身、运动有益健康，但要有科学的锻炼方法。体形特征不同的人应该采取与之相应的运动方式，才能更利于自身的健美。

瘦弱、脂肪少、肌肉力不强、体力不佳的人，往往内脏器官也不太健康。运动时，应该先慢慢锻炼好基本体力，逐渐强化肌肉力量、持久力及身体柔软度，再进行重量训练，参加有氧运动、跳绳、游泳等动态运动。瘦弱型的人要特别注意饮食，应多摄取含丰富蛋白质的食物，以增进内脏机能，增强肌肉力，还要多摄取维生素类食物。

看起来瘦弱，但却有很多脂肪的人，肌肉力量和内脏器官的功能往往不强，体力也不好。这类人适合的运动是步行、爬楼梯、跳绳、游泳等能使脂肪燃烧的运动。饮食应该避免暴饮暴食，少吃甜食，少吃脂肪量高的食品，但要摄取高蛋白食品。

体重在标准体重范围内，但其臂部、臀部以及腹部到大腿的脂肪超过标准水平，只要肌肉和关节没问题，可参加任何运动，如打球、游泳、骑马等，有氧运动更好。但如果平时不是经常运动，就不能突然地剧烈运动，应该在做每项运动前，先做热身运动和体操，强化肌肉力量。饮食上只需注意营养均衡、适度摄食、少吃夜宵、不过量摄取含脂肪多的食物即可。

身上各部分皮脂厚度太厚、体重过重、几乎没有肌肉、骨骼支撑能力弱的人，爬几级楼梯就会气喘如牛。这类人应该多做有氧运动，可以消耗脂肪。常做静态的伸展运动，以强化肌肉骨骼。还要提醒你的是，由于肥胖者都有高血压倾向，请在运动前先量血压，并注意动作的正确性。但不要做过度激烈的运动，身体状况不好就要停止运动，不可操之过急。饮食上绝不能过度节食，一天可吃840~1260焦（200~300卡）热量的食物，以保证营养均衡。不能急剧减少糖分，以免血糖下降，增加空腹感。

此外，还要注意在不同人生阶段选择适合自己年龄的运动方式。

美国有一位训练专家设计出了一套能让人一生受用的健身计划，让注重健康的人从20岁开始，一直到耳顺之年，都能找到适合自己的运动方式。

下面是这位训练专家设计的具体方案。

20多岁：可选择高冲击的有氧运动、跑步等。在身体上，它们能消耗大量热量，强化全身肌肉，增强精力、耐力与手眼协调能力；在心理上，这些运动能帮助人解除外在压力，暂时忘却日常杂务，获得成就感。同时，跑步还有激发创意、训练自律力的优点。

30多岁：建议选择攀岩或者武术来健身。除了减肥，这些运动能加强肌肉弹性，特别是臀部与腿部；还有助于培养耐力，能改善人的平衡感、协凋感和灵敏度。在心理上，攀岩能培养禅定般的专注功夫，帮助人建立自信与策略思考力。武术能帮助人在冲突中保持冷静、自强与警觉心，同样能有效增进专心的程度。

40多岁：选择低冲击的有氧运动，如远行、爬楼梯、网球等。它们能增加体力，加强下半身肌肉力量，特别是双腿。像爬楼梯这样的运动，既可以出汗健身，又很适合忙碌的城市上班族天天就近练习；网球则是非常合适的全身运动，能增加身体各部位的灵敏度与协调度，让人保持精力充沛，同时对于关节的压力也不会像跑步和高冲击有氧运动那样大。而在心理上，这些运动可以让人神清气爽、松弛紧张和缓解压力。以爬楼梯为例，有规律地爬上爬下是控制自己，让心情恢复稳定的好方法；同样，打网球除了有社交作用外，还能使人抛开压力与杂念，训练专心、判断力与时间感。

50多岁：适合的运动包括游泳、重量训练以及打高尔夫球。游泳能有效地加强全身各部位的肌肉弹性，而且由于有水的浮力支撑，不像陆地运动那样吃力，特别适合疗养者、风湿病患者和年纪较大者；重量训练能坚实肌肉，强化骨骼密度；而打高尔夫球则有稳定心脏功能的效果。在心理上，游泳兼具振奋与镇静的作用，专心地划水能让人忘却杂务；重量训练有助于提高自我形象满意度，让压力与烦躁都随汗水宣泄而出。

60岁以上：应该多做散步、交谊舞、瑜伽或水中有氧运动。散步能强化双腿，帮助预防骨质疏松与关节紧张；交谊舞能增进全身的韵律感、协调感和优雅气质，非常适合不常运动的人选择尝试；瑜伽能使全身更富弹性与平衡感，能预防身体受伤；水中有氧运动主要增强肌肉力量与身体的弹性，适合肥胖或老弱者健身。这些都不是剧烈的运动，在健身之外，它们的最大功用是能使人精神抖擞，感觉有趣，并且有社交的作用，是让老年人保持年轻心态的好方法。

总之，不论采用什么方式和手段进行锻炼，都要遵守一个原则，那就是因人而异和循序渐进。

3.选择不当，美食也会变成毒药

大米、小麦、牛奶、鸡蛋、鸡肉、西红柿、蘑菇、苹果、香蕉……明明你吃得都是喜欢而且还被公认为好的食物，可是这些食物进入你的身体却总有一种说不出的别扭：或是你为了改善亚健康，不加班、不熬夜、按时吃饭还积极运动，却仍然不见起色……

这个时候，就要考虑一下，或许你每日吃的东西里，有身体天生就不喜欢的，每一样常见的主食、蔬菜、水果，都可能正悄悄挖你健康的墙脚。同样，许多对于别人来说是美味的食物，如巧克力、奶酪、腰果等，很可能你吃了后却会产生意想不到的反应，正所谓“甲之熊掌，乙之砒霜”。

如果饮食得法，既可健身又能防病，可谓一举两得；若不得法，则“食”得其反。

感冒时吃补品。补品会在人体内产生较高的热量和能量，可使患者体温升高，病情加重。此外，补品还会促进病菌生长繁殖，导致感染程度加重和炎症扩散。

饮后马上吃水果。科学研究指出，水果中含有大量单糖类物质，很容易被小肠吸收，但若被饭菜堵塞在胃中，就会因腐败而形成胀气、胃部不适。所以，吃水果应选在饭前1小时或饭后2小时为妥。

喜用热油炒菜。这是一种不科学的烹调方法。当油温高达200度时，会产生一种叫“丙烯醛”的气体。它是油烟的主要成分，对人体呼吸道有害。另外，“丙烯醛”还会使油产生大量致癌的过氧化物。炒菜以8成热的油最好。

吃豆制品越多越好。营养学家指出，黄豆中的蛋白质会阻碍人体对铁元素的吸收。过量摄入黄豆蛋白质可抑制正常铁吸收量的90%，出现缺铁性贫血，表现出不同程度的倦怠、嗜睡等贫血症状。所以，吃豆制品不要过量。

吃精禁粗。有些人吃什么都讲求精细，如吃米吃精米，且淘米时反复搓擦，致使米的谷胚层被搓掉了，这就使维生素B1以及铁、猛、锌等元素大量丢失。五谷杂粮以及粗纤维含量较多的食物，含有人体所必需的营养成分和纤维素，如红薯、南瓜等在国外已成为美食，且红薯中含有抗癌物质。纤维素是人体肠道内最好的“清洁工”，它可以清除肠内垃圾，少了它，人就容易出现便秘、结肠炎、结肠癌等疾病。

多用佐料调味。据美国研究表明，胡椒、桂皮等天然调味品中有一定的诱变性和毒性，如多用调味品，可导致人体细胞畸形，形成癌症，给人带来口干、咽喉痛、精神不振、失眠等不良反应，还会诱发高血压、胃肠炎等多种病变。因此，日常饮食中应尽量少用或不用佐料。

喜欢爆炒食物。这是一种不卫生的烹制方法。畜禽肉尤其是动物内脏携带大量禽畜病毒、病菌，爆炒时间短，病毒、病菌不易被杀死，有的病毒要烧煮10分钟以后才能被杀死。吃了不熟的食物，极易发生“人畜共患”疾病。因此，畜禽肉还是烧熟、烧透吃才安全。

喜喝新茶。新茶虽然叶色鲜活、味醇香爽，但饮用弊大于益。因为刚采摘的新茶，含未经氧化的多酚类、醛类和醇类较多，易引起腹胀、腹痛等症状，会加重慢性胃炎患者的病情。

吃水果可以减肥。事实上，所有的水果都含有糖分，尤其香蕉、葡萄、苹果等含糖更高，吃多了糖分，哪来减肥的道理？

除了这些不良的习惯外，各种美食之间也有相冲相撞。如果将这些相冲撞的食物同食，不但不会得到美食的享受，反而会损害身体，真是不可不防呀！下面，我们将列举一些日常生活中常见的错误搭配，让人们更好地享有健康的生活。

啤酒忌白酒。啤酒中含有大量的二氧化碳，容易挥发，如果与白酒同饮，就会带动酒精渗透。有些朋友常常是先喝了啤酒再喝白酒，或是先喝白酒再喝啤酒，这样做实属不当。想减少酒精在体内的驻留，最好是多饮一些水，通过排尿缓解酒精的效果。

酒忌咖啡。酒中含有的酒精具有兴奋作用，而咖啡所含的咖啡因同样具有较强的兴奋作用，两者同饮，对人产生的刺激甚大。如果是在心情紧张或是心情烦躁时这样饮用，会加重紧张和烦躁情绪；若是患有神经性头痛的人如此饮用，会立即引发病痛；若是患有经常性失眠症的人饮用，会使病情恶化；如果是心脏有问题，或是有阵发性心跳过速的人将咖啡与酒同饮，其后果更为不妙，很可能诱发心脏病。一旦将二者同时饮用，应饮用大量清水或是在水中加入少许葡萄糖和食盐喝下。

解酒忌浓茶。有些朋友在醉酒后，会饮用大量的浓茶，试图解酒。殊不知，茶叶中含有的咖啡碱与酒精结合后，会产生不良的后果，不但起不到解酒的作用，反而会加重醉酒的痛苦。

鲜鱼忌美酒。含维生素D高的食物有鱼、鱼肝、鱼肝油等，吃此类食物饮酒，会减少人对维生素D吸收量的6~7成。人们常常是鲜鱼佐美酒，却不知道这样的吃法让自己远离了上好的营养成分。

虾蟹类忌维生素。虾、蟹等食物中含有五价砷化合物，如果与含有维生素C的生果同食，会令砷发生变化，转化成三价砷，也就是剧毒的“砒霜”，危害甚大。长期食用，会异致免疫力下降，甚至是人体中毒。

煮沸牛奶忌加糖。牛奶中所含的赖氨酸在高温下会与果糖结合成果糖基赖氨酸，不易被人体消化，食用后会出现肠胃不适、呕吐、腹泻等病症，影响健康。

牛奶忌朱古力。朱古力中含有草酸，与牛奶中所含的蛋白质、钙质结合后产生草酸钙，可能会导致腹泻现象的发生。

当然，我们提到的只是食物禁忌中的一小部分，但却是人们日常生活中最常见的部分。条件允许的话，不妨多了解一些这方面的知识，以增进健康。

4.要实现自己的雄心壮志，应慎用体力和精力

世间没有一样东西比我们的身体更为宝贵，生命只有一次。

许多人不知自爱，常常在无意识中伤害自己、欺骗自己。他们外出办事时，总是饮食无定，有时候竟一点东西也不吃，就是吃也不按照正常的时间；他们还总是剥夺自己睡眠和休息娱乐的时间。

由于他们经常摧残自己的身体，所以不到40岁，有的人头发就已经渐白，身体显现出了衰老的样子。这些人没有意识到，要实现自己的雄心壮志，需要相应的体力与之配合。

所以，对自己的体力和精力切不可随意消耗，对自己的身体尤其要注意保养。

许多人具有超群的天赋，却最终只获得了微不足道的成功，就因为

他们不善保养身体这部机器。

如果能够根据自己身体上的需要,给予适当的食物、充足的水分、新鲜的空气和阳光,就能为人体这部机器的正常运转提供能量。

在饮食和生活起居上,如果我们能应用自己的常识,维持适当的营养,过一种简单、有规律、有节制的生活,那么我们就永远都不需要服药。

有些人总是很匆忙地吞一块三明治,喝一杯牛奶,便算解决午饭问题了,他们以为这样既节省时间,又节省金钱。殊不知,如果他们走进一家好的饭店,从容地进一顿美味而有营养的午餐,而后休息片刻,使身体对食物进行充分的消化吸收,这才是大有裨益,才是真正的“合算”。

上述那种节省的情形,反而是一种最坏的浪费。最合算的做法,就是积蓄大量的体力和精力, 作为获取成功的资本。剥夺能给予我们生命力、体力与智力的食物和休息,无异于是在自掘坟墓。

世间没有一样东西比我们的身体更为宝贵,我们必须不惜一切代价来保护它。健康的身体能够促进人们在工作上的努力,使得人们不断进步。

睡眠和营养的不足、户外运动的缺乏、工作过度,凡此种种,都是减弱体力、损害身体的主要原因。

还有许多人,将精力浪费在愤怒、忧虑、怨恨以及琐碎的事情上,甚至这些浪费掉的精力,比在正式工作上消耗的体力还要多。

如果你有志于成功,你就必须慎用体力和精力,要持之以恒。

人人都当懂得,体力和精力是成功的资本,有了强健的体力、充沛的精力,即便赤贫如洗,也比那些拥有财富却把体力和精力消耗干净的人富裕得多。

5.生气不仅会令自己情绪低落，还会带来身体上的隐患

生气和抑郁都是人们日常生活中常见的一种情绪，通常人们说的生“闷气”就是此类情绪的表现。这种不良的情绪会对人的心理及身体造成很大的危害。

《红楼梦》里的林黛玉不但有才华，而且纯洁又真诚，但却自幼羸弱多病，多愁善感。在“风霜刀剑严相逼”的贾府，她无法像薛宝钗那样曲意逢迎、八面玲珑，而是经常郁郁寡欢，茶饭不思，夜不能寝，泪水涟涟。当她听说心上人贾宝玉与薛宝钗结婚时，便一气而厥，悲愤而逝。从情绪心理角度看，正是她内心的抑郁情绪而造成了自己的悲剧。

有研究表明：一个人如果在精神上遭受重大的创伤或打击，即使心理调整得好，平均也要缩短寿命一年；如果恼怒超过半年不减，大约要缩短寿命2~3年。因此，为了身体健康，有关专家提出了这样一个口号：生气不该超过3分钟。

从我国中医学的角度来讲，人的精神心理活动与肝脏的功能有关。当人受到精神刺激造成心情不畅、精神抑郁时，会影响肝脏功能的正常发挥。肝气不舒则急躁易怒、情绪激动，有时就会做出一些不理智的事情。另外，肝脏通过调节气息辅助脾胃消化，肝气郁结，则气息不利、不思饮食。

而西医是用实验说明的。

美国生理学家爱尔马曾做过一个实验：把一支玻璃管插在正好是0℃的冰水混合容器里，然后收集人们在不同情绪状态下的“气水”，描绘出了人生气的“心理地图”。实验发现，当人们心平气和时，冰水混合物

里杂质很少；生气时则有紫色沉淀。

爱尔马把人在生气时呼出的“生气水”注射到大白鼠身上，几分钟后，大白鼠就死了。

由此分析，人生气时的生理反应十分强烈，分泌物比任何时候都复杂，且更具毒性。

因此，爱生气的人很难健康，更难长寿。

三国时期，曹魏与蜀汉对垒，曹真率领大军来到长安，在渭河西边下寨。曹真与王朗、郭淮一起讨论怎么打败诸葛亮率领的蜀军。王朗说："明天可以把军队排整齐，挥舞旗帜。你们看我只要几句话，肯定让诸葛亮拱手而降，蜀兵不战自退。"

第二天，两军在祁山前对阵。王朗来到孔明面前对他先说出一大套理论，甚至劝诸葛亮“倒戈卸甲，以礼来降，不失封侯之位”。

诸葛亮听后斥道："……你世居东海之滨，初举孝廉入仕，理当匡君辅国，安汉兴刘，何期反助逆贼，同谋篡位！罪恶深重，天地不容！无耻老贼，岂不知天下之人，皆愿生啖你肉，安敢在此饶舌！今幸天意不绝炎汉，昭烈皇帝于西川，继承大统，我今奉嗣君之旨，兴师讨贼，你既为谄谀之臣，只可潜身缩首，苟图衣食，怎敢在我军面前妄称天数！皓首匹夫，苍髯老贼，你即将命归九泉之下，届时有何面目去见汉朝二十四代先帝？"

诸葛亮的话还没有说完，王朗便身子一晃，从马上栽了下去，一命呜呼了！

而另一位意气风发的英雄周瑜也因困扰在“既生瑜何生亮”的悲愤中，气得吐血而亡。

这说明，人在愤怒时会血压升高。另外，据调查显示，吵架7天后，想起吵架的事血压仍会升高。

一种解释是，压力激素使血管收缩，血压升高，心跳加速。以前科学家认为，这些影响会随着怒火的消失而迅速消失，但现在看来，情况并非如此。如果心血管反应对心血管系统造成了损害，那么，造成压力的因素在消失后，在一段比较长的时间内，身体仍会受到伤害。

研究结果显示，情感失调的人，生病的风险是其他人的两倍。由此，爱尔马教授的报告发出了“生气等于自杀”的警告。

英国化学家亨特年轻时就易发怒，后来在一次医学会议上被人顶撞，盛怒之下心脏病突发，当场身亡。

这个事例告诉我们：气怒犹如藏在人体中的一枚定时炸弹，随时有可能酿成大祸。

很多身体的症状，或者疾病的发生，都与人的情绪变化有关。

当我们为一些生活中琐碎的事情生气，用别人的错误来惩罚自己时，要想到生气带来的损伤，不仅仅是精神上的，还会对我们的身体造成伤害甚至导致疾病的发生，这样我们就会退一步海阔天空，保持一个健康、快乐的心态，以维护我们的身心健康。

贾玲最近总觉得胸部疼痛，尤其是经期前的那几天，胸部一碰就疼，心情也莫名地烦躁。这一天，她单位附近一家美容院开业，优惠酬宾，同事看到后就拉着她一起去美容院体验一下。

做精油按摩的时候，美容师一碰到她的胸，贾玲就喊疼。

美容师用清油轻轻推拿，并跟她聊起天来。“你是不是最近经常跟老公吵架啊，你的乳腺增生挺明显的。”

贾玲被说得不好意思，只能讪讪地说：“是啊，最近总觉得胸部疼痛！”

旁边的同事听到她们的对话，就说：“我也是呢，咱这病啊，多半都是被气出来的。年前我去医院检查，医生说我有乳腺增生，还好不太严重，吃点药就好了，关键是放松心情，少生气。你也去看看吧。这病严重了有可能致癌呢。”

同事的话,让贾玲的心咯噔一下收紧了。

这段时间,丈夫的弟弟要买房,一开口就问她家借10万元。丈夫碍于兄弟情面,觉得应该帮助,可是这么一大笔钱拿出去,会给家里造成很大影响。她们还计划给女儿买钢琴,还想买车代步,这下子,所有计划都乱了。为了这事,这几个月他俩没少吵架,贾玲气得已经快一个月没给老公好脸色了。

可她没想到,自己生气的时候,身体居然也跟着不高兴了。

我们常听说一个词:气结——气不畅通就会郁结于胸,最后形成肿块,带来疼痛。

所以,中医学中有这样一句话:通则不痛,痛则不通。更通俗的解释则是:气愤、压抑、闷闷不乐等精神因素会对人体的生理机能产生影响。

女性天性比较敏感,孩子不争气、婆婆难相处、工作不顺心……各种各样的怨气怒气都积在体内,进而对身体造成伤害。女人生气,最容易让两种疾病缠上。

第一,月经不调。有些女性平时性格内向、抑郁,有了不愉快的事情或有一些想法的时候,不能通过向她人倾诉、与她人沟通来排解或减轻压力。长期的压抑导致肝气郁结、经脉气机不利,经前出现周期性的乳房胀痛、头痛、失眠、情绪波动易激动等症状,甚至出现闭经、崩漏或更年期提早到来。更有甚者,会因肝气郁结发生良性或恶性肿瘤等严重后果。

第二,乳腺疾患。肝气不舒、气滞血瘀、经脉运行不畅与乳腺增生、乳腺结节甚至乳腺癌的发生有密切关系。临床可见,中年女性乳房肿块、经前胀痛、经后缓解,伴有心烦急躁、胸胁胀痛、口苦、月经周期不规律、经量减少、血色暗红等症状。

TIPS：这些食物也能帮你消气

白萝卜：生吃或煮水吃萝卜渴汤都可。白萝卜有顺气健胃、清热化痰降脂的功效，亦可用白萝卜籽煎水服，对气郁上火有较好疗效。

陈皮(橘皮)：泡水当茶饮服。陈皮有顺气化痰功效，泡水服可消气顺气。

金橘：可剥皮吃，亦可连皮吃。金橘有理气、解郁、化痰醒酒等功能，可治胸闷郁结、食滞纳呆、醉酒等。

香元：香元水煎服，有顺气止痛功效。

山楂：山楂、橘皮或山楂、萝卜籽同煎水服。山楂能顺气止痛、化食消积、降脂通气血，对气滞血瘀之胸腹胀满疼痛，生气导致的心律不齐、心绞痛等有一定的疗效。

莲藕：水煮或凉拌吃，能通气、健脾和胃、养心安神。

瓜蒌：瓜蒌水煎服。瓜蒌能理气解郁、开胸化痰，可治生气引起的胸闷胸痛。

6.鲜为人知的健康新理念——HQ商数

“健商”是一个崭新的健康理念，它是健康商数的缩写。它和智商、情商一样是人们评价估测自身健康指标的标准。“健商”指数能指导人们一直保持健康状态。人们如果能正确利用自己的“健商”指数，就能使自己更加健康长寿。

健商的理念

所谓“健商”(HQ)，它代表着一个人的健康层面及其对健康的全新态度。健商是一个建立在全新理念和健康知识基础之上的全面的、综合的健康概念。

健商是一个人的特征之一。但是与智商不同的是,健商不是先天决定的,教育、知识、毅力都可以提高一个人的健康商数。

没有一种医疗体系可以解决医疗保健的所有问题。西方医学知道怎样利用手术和药品,却没有一个全面的框架来观察你生活的所有方面,它的特点是身心分离;而东方医学把每个人当成一个独特的个体,注重人的身心合一,注重医生与患者的交流。现在,西方医学界正在逐渐认识到东方传统医学的精华,并开始向东方的传统医学、北美土著治疗方法及非洲一些古老的治疗方法学习。

健商理念认为,一个人的情感、心理状态以及生存环境和生活方式,都可以对他的健康产生直接影响。因此,健商不仅把健康定义为没有患病,还定义为一个人良好的健康状态。从健商的定义上来讲,良好的健康状态涉及一个人的诸多方面,包括生理的、心理的、情感的、精神的、环境的和社会的,以及良好的生活质量。

健商理念的另一个特点是,它强调身心合一的中国传统思想,认为身心之间的关系是健康的基本组成部分。拥有健康的心理状态,即比较平和安详而愉快的心态,本身就意味着一个人拥有健康。

健商的构成

健商的构成可以用数字来表示,即人们已具有的“健康意识、健康知识、健康能力”与应具有的“健康意识、健康知识、健康能力”之比。

健康意识是指人们对健康的信念和观念,即人们对健康价值的态度和能否获得健康的信心。正确的健康意识认为,健康是人的第一财富,是事业和幸福的保证,它既是人们活动的基础,也是人们各种活动的最终目的之一。医学发展到今天, 人类健康是可以通过自身努力而获得的,危害健康的因素也可以通过有效措施消除或控制,只要我们按照医学的要求去做,健康就可得到有效的保障。

健康知识包括从生物、心理到社会的庞大知识体系。对普通人来说,那些基本的、对健康影响较大的，从衣、食、住、行到心理、家庭、工作单位以及人际关系方面的知识都是必须掌握的。

健康能力包含了贯穿于人们日常生活的行为及对可能发生的疾病的预防能力，也包括当健康出现问题时的判断能力及尽快恢复健康的能力。

明确健商的构成，对于宣传普及医学知识、开展健康教育、加强卫生监督、提高全民族的健康水平有着重要意义。因为研究证明，优越的生存环境和丰厚的经济收入、良好的医疗条件并不能保证人们拥有健康，只有全社会普遍重视健康教育，努力提高居民的“健商”，崇尚锻炼，开展饮食革命，合理作息，才能预防疾病，提高人均寿命和健康水平。

怎样拥有高健商

要想拥有高健商，除了要关心照顾自己以外，你还要对自己的整体健康负起责任——进行自我保健。健商强调身心关联是建立完善的自我保健的基础。健商强调的身心健康，其实是指通过自我保健获取最佳健康，使身体达到最佳状态。如上所述，在现代的医疗中，我们过多地依赖药物、外科手术或某些治疗方法，忽略了自我保健是另一种重要手段。人们在健康的生活经历、个人信念和天赋的抵抗力的基础上积累起来的自我保健能力才是最为强大、最容易利用的。

进行自我保健需要有关知识，这是高健商的关键。利用自己所掌握的医学知识和养生保健手段，在不住院、不求医护的情况下，依靠自己和家庭的力量对身体进行自我观察、诊断、治疗、护理和预防等工作，逐步养成良好的生活习惯，建立起一套适合自身健康状况的养生方法，以达到健身祛病、延缓衰老和延年益寿的目的。这就是健商的真谛。

7.用积极心态,“化解”你的坏情绪

也许有的人会说:生活对我来说充满了曲折和坎坷,磨难一个接着一个,幸福于我总是遥不可及,我怎么可能拥有快乐,怎么能不发脾气呢?

其实,快乐与人生的顺境和逆境无关,只与人的愿望和努力的方向有关。

也许你有一个不幸的童年,幼年丧父或丧母,甚至是一个父母双亡的孤儿,可是你幼小的心灵里充满了不甘示弱的倔强,你当哭就哭,当笑就笑,用勤奋和韧性代替了心中的幽怨和委屈。就像磐石底下拱出的一棵嫩芽,不停地将弯弯曲曲的细长身体顽强地向上伸展着,去竭力争取得到阳光雨露的滋润。于是,它的根在挣扎着生长的过程中深深地植入大地的胸膛,饱饮泉水和养分;它的躯干和枝叶迎着灿烂的阳光茁壮而蓬勃地繁茂着;即便是在风雨中,它也在不停地歌唱。所以,童年不幸的你,完全可以像这棵嫩芽一样,用坚强和乐观洗去脸上的阴郁和眸子里的泪光,一步一步扎实地向前走,最后,你一定会长成一棵参天大树。

也许你在情感的道路上突然遭受了一场严重的伤害,你的心被摧残得支离破碎,仿佛灵魂已经飞走了一般。但是只要你心中还有一丝快乐残存,它就会慢慢治愈你心头的创伤,使你那颗被情爱迷惑的心重新复苏,让你感觉到天涯处处有芳草,助你重新找到属于你的爱。

也许健康的你突然遇到一场飞来横祸,变成了残疾;也许原本家财万贯的你突然破产,一夜间变成了一贫如洗的穷光蛋;也许聪明好学的你竟然高考失利……总之世事无常,命运多舛,任何人都可能在任何时间和任何地点,遭受到不同的打击和挫折。但是,任何事情的本身都没有快乐和痛苦之分, 快乐和痛苦是我们对这件事情的感受, 同一件事

情，你从不同角度来看待，就会有不同的感受。

比如，兢兢业业工作的你突然失业了，你可以抱怨命运的不公平，可以痛恨上司的无情，可以忧伤得一筹莫展，但你也可以这样想：命运又成就了我一次选择职业的机会，也许从此我的生活会变得比以前更充实、更富裕。于是，你心情轻松地踏上了求职的道路。一切的不愉快都不必挂在心头，更无须梗阻于喉，那样只能伤害身体，酿成顽疾。你要相信，面包会有的，牛奶也会有的，一切都会有的。

再比如，你不小心丢失了一件价格不菲的皮大衣，你可以对自己的粗心懊悔不已，可以对拾金而昧者耿耿于怀，但你也可以这样宽慰自己：从此，一个衣衫褴褛的穷人不用再惧怕冬天的严寒了。于是，你拥有了一种助人为乐后的快慰。既然一切都不会失而复得，那就财去人安吧！

再比如，孩子拆坏了你精心收藏的一块钟表，你可以痛心疾首地揍孩子一顿，于是孩子哭，大人骂，家里顿时硝烟弥漫。可是，你是不是也可以在片刻的痛心之后，马上这样想：孩子在实践中又长了见识。于是，你亲切地摸摸孩子的头："孩子，你能把它再重新装起来吗？"

笑一笑，自己乐，孩子乐，何乐而不为？

认识到事本无异，异的是心情

杰克和爱得森几年前跟人合伙做生意，运货船突遇风浪，他们所有的财产包括梦想都沉入了海底。杰克经不起这个打击，从此一蹶不振，整天失魂落魄、神思恍惚；而爱得森却活得有滋有味，他每天白天去码头做搬卸工，晚上去图书馆看营销方面的书籍，生活得很充实、很快乐。杰克问爱得森，为什么经历了这么大的磨难，他还能乐得起来？爱得森说："你咒骂、伤心，日子一天天地过去；你快活、高兴，日子也一天天地过去。你选择哪一种呢？"他还劝杰克说："你每天早晨起床前、晚上睡觉前，都花一些时间重温当天发生的美好事情，这样坚持下去试试。"

果然，通过这种方式，杰克很快就培养起了对生活的积极态度，从而变得日益快乐起来。不久，他就振作了起来，在家人和朋友的帮助下，又开始从小生意做起，后来成了一名成功的商人。

一个人快乐与否与物质和社会环境无关，生活在和平、繁荣国度里的人不一定就更快乐。大量资料表明，第二次世界大战以来，人们的生活质量在诸多方面都有所提高，然而，自认为生活快乐的人却并没有增加。相反，现代人拥有坏心情的概率却增加了10倍。金钱和财富似乎能够带来快乐，然而当收入能够满足基本需求之后，金钱就不再是快乐的源泉了。人们对优越的生活条件习以为常后，就会缺少对生活的新奇感，从而也就远离了快乐。

快乐，其实是一种境界、一种追求、一种憧憬，也是一种情绪。懂得了控制情绪的方法，你就已经站在了快乐的一方。

谁都无法“平安无事、无忧无虑”地过一辈子，谁都可能遇到不是那么尽如人意的事，有的人能从挫折中了解人生的真谛，从困难中取得生存的经验，从而欢乐常有，勇于奋进，终于到达成功的彼岸；而有的人则把苦难和忧愁闷在心上，整日里阴云密布，烦恼不尽，不能自拔，不仅事业无成，而且累及身心健康。

因此可以说，一个人快乐与否，不在于他是否遇到了困境，而在于他怎样看待困境。也就是说，消极心态与快乐是无缘的。

星期天，你本来约好和朋友出去玩，可是早晨起来往窗外一看，下雨了。这时候，你怎么想？你也许想：糟糕！下雨天，哪儿也去不成了，闷在家里真没劲。如果你想：下雨了，也好，在家里好好读读书、听听音乐，也很不错。这两种不同的心理暗示，就会给你带来两种不同的思考方式和行为。

你可以选择一个快乐的角度去看待生活，也可以选择一个痛苦的角度。鱼在水里游来游去，那么从容，那么自在，它的快乐全部弥漫在水中。而我们人的快乐也全部藏匿在生活的每个角落，它们是那样的简单,简单到只需人们用心去细细地品味。只要我们有一颗细细品味幸福的心,快乐自会萦绕在我们身旁。

认识到烦恼就是给自己的捆绑

一个年轻人四处寻找解脱烦恼的秘诀。有一天,他来到一个山脚下。只见一片绿草丛中,一位牧童骑在牛背上,吹着横笛,笛声悠扬,逍遥自在。

年轻人走上前去询问:“你看起来很快活,能教给我解脱烦恼的方法吗?”

牧童说:“骑在牛背上,笛子一吹,什么烦恼也没有了。”

年轻人试了试,不灵。于是,他又继续寻找。

年轻人来到一条河边,看见一位老翁坐在柳荫下,手持一根钓竿,正在垂钓。他神情怡然,自得其乐。年轻人走上前去鞠了一个躬:“请问老翁,您能赐我解脱烦恼的办法吗?”

老翁看了他一眼,慢声慢气地说:“来吧,孩子,跟我一起钓鱼,保管你没有烦恼。”

年轻人试了试,还是不灵。

于是,他又继续寻找。不久,他来到一个山洞里,看见有一个老人独坐在洞中,面带满足的微笑。

年轻人深深鞠了一个躬,向老人说明来意。

长髯者微笑着摸摸长髯,问道:“这么说,你是来寻求解脱的?”

年轻人说:“对对对!恳请前辈不吝赐教。”

老人笑着问:“有谁捆住你了吗?”

“……没有。”

“既然没有人捆住你,又谈何解脱呢?”

有的时候,我们的忧虑就如同这年轻人一样,不肯让自己放松下来,老爱自己找麻烦,和自己过不去。当我们在感慨活着真累的时候,却未曾细想,生活本来无意与我们作对,和我们过不去的一直是我们自己。

歌德笔下的少年维特就属于后者。维特总是充满了对现实的不满,他试图发掘新的事物来忘却自己的烦恼,却不自知地陷入了另一桩烦恼之中。他出生在一个较富裕的家庭,受过良好的教育,这对于很多吃了上顿没下顿的人来说已经是十分值得满足的了,但是他却并不觉得自己幸福。为了排遣心中的烦恼,他告别家人,来到了一个偏僻的山村。

在那里的一个舞会上,他认识了绿蒂,并且爱上了她。但是绿蒂已经订婚,等她未婚夫回来的时候,他才发现自己有多么的尴尬。他叹息命运的不济,最终在朋友的劝说下,离开了心爱的绿蒂。

换一个地方,又会有新的烦恼。维特在公使馆当了办事员,这比起很多找不到工作的人来说已经很不错了。但是,他受不了别人对他工作的吹毛求疵和嘲笑,一气之下辞去了公职。

维特总是飘忽不定,他不知道自己接下来该去做些什么,心中总是不断地有新的烦恼。他一直在寻找自己想要的东西,却不肯定下心来,总是十分浮躁。他总是觉得自己比别人强,经受不住别人的冷眼,可是又有多少人羡慕他的年少、富裕和稳定的生活?

最后,他用自杀结束了一切。

当时有很多青年看了《少年维特之烦恼》之后学他穿着燕尾服自杀,只因为维特的年龄阶段,是大多数年轻人介于幼稚与成熟临界点上的一个危险时期。这个时期的心理十分的迷茫和不稳定,容易激动也容易沉沦。如果没有顺利走过来,很容易影响一生的发展。

可是当我们一路走过来,就会发现,当初那个愤怒的小青年真的有点好笑。人生不如意十之八九,有的烦恼的确是凭空给自己的捆绑。

在生活中，99%的烦恼其实是不会发生的。很多东西，只是我们无故寻仇觅恨，为赋新词强说愁而已。没有人捆住我们，也就无所谓解脱。所谓的烦恼，大都是我们自己想象出来的，也或者是因为太不知足。

学会积极的心理暗示

在生活中，我们不自觉地在心中塑造了很多的偶像，并且渐渐地习惯了仰视这些偶像，觉得他们高不可攀。生命本没有高低贵贱，任何时候都不要看轻了自己。一个人再强也不要和别人比，再弱也要和自己比。只要挑战过了自己，把以前的自己比下去了，你就会比别人强。

"二战"后受经济危机的影响，日本失业人数陡增，工厂效益也很不景气。一家濒临倒闭的食品公司为了起死回生，决定裁员1/3，其中清洁工、司机、无任何技术的仓管人员首当其冲，这3种人加起来有30多名。

经理找他们谈话，说明了裁员意图。

清洁工说："我们很重要，如果没有我们打扫卫生，没有整洁、优美、健康有序的工作环境，你们怎么能全身心投入工作？"

司机说："我们很重要，这么多产品，没有司机，怎能迅速销往市场？"

仓管人员说："我们很重要，战争刚刚过去，许多人挣扎在饥饿线上，如果没有我们，这些食品岂不要被流浪街头的乞丐偷光？"

经理觉得他们说的话都很有道理，权衡再三，决定不裁员，而是重新制定了管理策略。

最后，经理令人在厂门口悬挂了一块大匾，上面写着："我很重要。"

每天当职工们来上班，第一眼看到的便是"我很重要"这4个字。不管一线职工还是白领阶层，都认为领导很重视他们，因此工作也很卖命。

这句话调动了全体职工的积极性，几年后，公司迅速崛起，成为了日本有名的公司之一。

所以，任何人只要认为自己很重要，他就有可能创造出奇迹。

每个人身上都蕴藏着一份特殊的才能,那份才能犹如一位熟睡的巨人,等着我们去唤醒它,而这个巨人就是潜能。只要我们能将潜能发挥得当,我们也能成为爱因斯坦,也能成为爱迪生。无论别人如何评价我们,无论我们年纪有多大,无论我们面前有多大阻力,只要相信自己,相信自己的潜能,就会有所成就。

世界本就属于我们,只要抹去身上的浮灰,无限的潜能就会像原子反应堆里的原子那样充分发挥出来,我们就一定会有所作为,创造奇迹!

有一个女孩,左额头上有一块伤疤,这让她觉得自己很丑,对自己的形象非常没有信心,不愿意和别人打招呼,甚至不愿意抬头走路,每天情绪都很低落。

一天,妈妈送了她一只发卡,说把这个发卡别在头发上,就能挡住那块伤疤。女孩对着镜子把发卡别好,确实遮住了伤疤,她立刻觉得自己变漂亮了,于是就别着发卡出门了。在刚出家门的时候,由于她太高兴了,不小心和迎面走来的一个人撞上了,她面带微笑地说了声“对不起”,就去上学了。

一整天,女孩都觉得心情很好,好像每个人对她都比平时更亲切,她也主动和别人打招呼,上课听讲也更认真了,因为她觉得每个老师都在注意她。尤其是在放学的时候,几个平时不怎么说话的同学,居然来找她一起回家。

回到家里,女孩兴奋地和妈妈说:“妈妈,你送给我的这个发卡实在太神奇了!今天我感觉特别棒,从来没有感觉这么好过。”接着,她就把当天在学校发生的一切和妈妈讲了。

妈妈听后,纳闷地说:“女儿,可是你今天并没有戴这个发卡啊,你看,早上你出门后,我在门口捡到了它!”

故事中这个女孩的变化，就是受到了积极的自我暗示的作用。坚持心理上积极的自我暗示，对改变个人现状、获得新的做事思路是非常重要的。

TIPS：常见的积极心理暗示语

(1)利用语言的自我暗示。用于自我激励的话，要有积极、肯定的意义，如“我是独一无二的”，“我对自己充满信心”。

(2)利用环境的自我暗示。环境的意义很广，可以是人，是物，是光，是声等。例如，心情烦躁时可以听听曲调舒缓的音乐。

(3)利用动作的自我暗示。紧张不安时，可以扩胸做深呼吸；心情烦闷时，可以反背双手散步。

(4)利用自我“包装”的自我暗示。剪短头发使人年轻精干，长发披肩使人潇洒美丽；服装样式很少改变，暗示保持自己个性不随波逐流。

(5)利用心理图像的自我暗示。消极悲观不如意时，回忆过去取得成功的愉快情景；身处逆境、信心动摇时，想象成功人士艰苦奋斗的情景。

笑一笑，让心灵沐浴快乐的阳光

人有七情：喜、怒、忧、思、悲、恐、惊。生活当中的七情过度会使人生病，心理脆弱多疑者也容易患病，很多看似生理方面的疾病其实主要是心理方面引起的。对于这种患者，单用药物治疗，往往不能见效，最好的方法是让心灵沐浴快乐的阳光。

英国著名化学家法拉第，由于长期处于紧张的工作中，患上了头痛、失眠等症，经过多年医治，未能根除，健康每况愈下。后来，他请了一位高明的医师，经他详细询问和检查，医师开了一张奇怪的处方：没写药名,只写了一句谚语:“一个小丑进城,胜过一打医生。”

开始,法拉第百思不得其解,后来逐渐悟出了其中的道理,便决心不再打针吃药,而是经常到马戏团看小丑表演,每次都是大笑而归。从此,他紧张的情绪逐渐得到松弛,不久,头痛、失眠的症状也消失了。

快乐是来自心灵深处的一种幸福感的流露。快乐纯粹是发自内心的,它的产生不是由于事物,而是由于不受环境拘束的个人举动所产生的观念、思想与态度。快乐时,人们能想得更好,做得更佳,感觉更舒服,身体更健康,甚至身体的感官也会更敏锐。快乐的你,也可以使别人受你的感染而变得身心愉快。

有个人家中挂了一幅画,这幅画是一张白纸,上面有一滴墨点。一位客人进来看到了,奇怪地问:“你们家怎么把墨点挂在墙上?”这人答:“这幅画的名字叫快乐,整张白纸写满快乐,墨点是表示一点点的痛苦。”客人又问:“去掉墨点,不就都变成快乐了吗?”这人说:“去掉痛苦就显不出快乐了。关键是,不要让墨点遮住你的眼睛。”

有些科学家的研究表明,欢乐和笑能刺激脑部产生一种使人兴奋的荷尔蒙。它一方面能促使身体增强抵御疾病能力,另一方面还能刺激人体分泌一种叫“因多芬”的物质,这是人体自然的镇静剂,关节炎、某些创伤所引起的痛苦,都会因此而有所减轻。

笑是一种运动,它可以防病、治病。人们在笑声中,呼吸运动加深,肺脏扩张,呼吸系统通过振动把废物清除出去;人们在笑声中,胃的体积会缩小,胃壁的张力加大,位置升高,消化液分泌增多,使消化功能增强;人们在笑声中,心跳加快,血流速度加快,面部和眼球血流供应充分,使人面颊红润、眼睛明亮、容光焕发;更重要的是,笑使人的烦恼顿时消除,内疚抑郁等不良心境得到调解,紧张的神经也会随着欢笑而松弛。

当然，没有人能够随时感到欢乐。对于烦恼、挫折，人们很可能出现暴躁、不安、懊悔等不良情绪。这种不快反应的产生，大部分源于"对自己自尊的打击"等原因。

萧伯纳曾经说道："如果我们感到可怜，很可能会一直感到很可怜。"对于日常生活中使人不快乐的那些众多的琐事与环境，可以由思考使自己感到快乐。当我们觉得不开心时，不妨分析一下自己的性格上的弱点，是因为急躁易怒而不快呢？还是因为妒嫉自大的个性？学会耐心、冷静地对待生活。如果是后者，则更需要加强思想修养，学会宽厚待人，培养谦虚美德。美好的性格，高尚的品德，是快乐的支柱和依附之处。

俗话说："笑一笑，十年少。"让自己常常感到快乐，这样生命才会更有意义。

趣味测试：你经常受情绪的影响吗？

1.看到自己最近一次拍的照片，你有何想法？

A.觉得不称心

B.觉得很好

C.觉得可以

2.你是否想到若干年后会有什么使自己极为不安的事？

A.经常想到

B.从来没有想过

C.偶尔会想到

3.你是否被朋友、同事或同学起过绰号、挖苦过？

A.常有的事

B.从来没有

C.偶尔有过

4.上床以后，你是否经常再起来一次，看看门窗、厕所的灯关好没有？

A.经常如此

B.从不如此

C.偶尔如此

5.你对与你关系最密切的人是否满意？

A.不满意

B.非常满意

C.基本满意

6.半夜的时候，你是否经常有觉得害怕的事？

A.经常

B.从来没有

C.偶尔有这种情况

7.你是否经常因梦见什么可怕的事而惊醒？

A.经常

B.没有

C.偶尔

8.你是否有多次做同一个梦的情况？

A.有

B.没有

C.记不清

9.有没有一种食物使你吃后呕吐？

A.有

B.没有

C.记不清

10.除去看见的世界外，你心里有没有另外的世界？

A.有

B.没有

C.记不清

11.你是否时常觉得不是现在的父母所生？

A.时常

B.没有

C.偶尔有

12.你是否觉得有人爱你或尊重你？

A.是

B.否

C.说不清

13.你是否常常觉得你的家庭对你不好，但是你其实清楚他们的确对你很好？

A.是

B.否

C.偶尔

14.你是否觉得没有80%了解你的人？

A.是

B.否

C.说不清楚

15.你在早晨起来的时候最经常的感觉是什么？

A.忧郁

B.快乐

C.讲不清楚

16.每到秋天，你的感觉是什么？

A.秋雨霏霏或枯叶遍地

B.秋高气爽或艳阳天

C.不清楚

17.你在高处的时候,是否觉得站不稳?

A.是

B.否

C.有时是这样

18.你平时是否觉得自己很强健?

A.是

B.否

C.不清楚

19.你是否一回家就立刻把房门关上?

A.是

B.否

C.不清楚

20.坐在小房间里把门关上后,你是否觉得心里不安?

A.是

B.否

C.偶尔是

21.当一件事需要你做决定时,你是否觉得很困难?

A.是

B.否

C.偶尔是

22.你是否常常用抛硬币、翻纸牌、抽签之类的游戏来测吉凶?

A.是

B.否

C.偶尔

23.你是否常常因为碰到东西而跌倒?

A.是

B.否

C.偶尔

24.你是否需要一个多小时才能入睡，或醒得比你希望的早一个小时？

A.经常这样

B.从不这样

C.偶尔这样

25.你是否曾看到、听到或感觉到别人觉察不到的东西？

A.经常这样

B.从不这样

C.偶尔这样

26.你是否觉得自己有超乎常人的能力？

A.是

B.否

C.不清楚

27.你是否曾经觉得因有人跟着你走而心里不安？

A.是

B.否

C.不清楚

28.你是否觉得有人在注意你的言行？

A.是

B.否

C.不清楚

29.一个人走夜路时，是否觉得前面暗藏着危险？

A.是

B.否

C.偶尔

30.你对别人自杀有什么想法？

A.可以理解

B.不可思议

C.不清楚

以上各题的答案，选A得2分，选B得0分，选C得1分。把你的得分加起来，算出总分。

总分越少，说明你的情绪越稳定，反之越差。

结果分析：

0~20分：你的情绪稳定、自信心强，能面对现实，具有较强的道德感、美感和理智感，有较强的情绪自控能力。社会适应能力较好，能理解周围人的心情。你一定是个性情爽朗、受人欢迎的人。

21~40分：你的情绪基本稳定，能沉着应对生活中出现的一般问题，但因为对事情的考虑过于冷静、淡漠和消极，所以常常不善于发挥自己的个性，使自信心受到压抑，办事热情忽高忽低，易瞻前顾后、踌躇不前。

41分以上：你的情绪极不稳定，不容易应付生活中的挫折，容易冲动，感到日常烦恼多，使自己的心情处于紧张和矛盾之中。

如果你的得分在50分以上，则是一种危险信号，你最好去做心理咨询或去看心理医生。

第八章

学会选择，学会放弃
——在舍与得中寻找快乐的源泉

行囊装得太满，就会阻碍我们行走在人生大道上的步伐。果断地放弃，不仅是一种清醒的选择，也是一种明智的选择。

学会在取舍之间感悟人生，才能让你获得成功的生活；学会收放自如，才能帮助你寻找到人生幸福快乐的起点和源泉。

1.选择一时的妥协，为自己赢得日后更好的未来

真正有智慧的人，都懂得在必要的时候做出退让，从而为自己赢得更大的利益。暂时的妥协与退让是人生处世的最高哲理所在，更是走向成功的谋略。适当的妥协与退让，能让你在以后的人生道路上走得更顺、更稳。

在2003年2月的一天，奥康集团国际贸易部与意大利客商签好了一

笔订单,双方谈好产品单价为23美元,最终还签订了购销合同。然而,在产品投产时,奥康发现生产部门在计算成本时将皮料的价格算得过低了,若按实际成本计算,出口价格每双鞋最少还要增加1美元。意大利客商知道这个消息后,表示要严格按照合同办,他们没有要做出让步的准备。

双方僵持了一段时间之后,奥康集团国际贸易部负责人将这个情况汇报给了公司总裁王振滔,并询问他是否要继续与外商洽谈加价。王振滔表示:"1美元是小事,商业信誉是大事,退一步海阔天空,既然签订了合同,即使亏本,这笔买卖也不能停止。"

这一消息传到了意大利客商的耳朵中,他们听说奥康主动做出了让步,在感到意外的同时也表示十分的感动,于是,他们主动提出在价格上增加1美元。不过,这一举动却被王振滔婉言谢绝了。王振滔表示:"奥康多赚1美元还是少赚1美元都不重要,重要的是要恪守信用。"

意大利客商对奥康诚信经营的做法大为感动,他们当即决定追加订单,将原来20多万美元的订单一下子增加到了100多万美元。客商表示:"接下去要和奥康集团建立长期合作关系,并将在单鞋和休闲鞋方面的更多的订单下到奥康来。"

有些时候,妥协与退让并不意味着失败,退一步反而能够让你获得长远的发展。退让是一种韬晦之计,是为了未来更好地发展。

楚庄王为了增强自己的势力,发兵攻打庸国。由于庸国奋力抵抗,楚军一时难以取胜,在一次战斗中,庸国还俘虏了楚将杨窗。3天后,由于庸国的疏忽,楚将杨窗从庸国逃了回来。杨窗对楚庄王说明了庸国的情况,说道:"庸国人人奋战,如果我们不调集主力大军,恐怕难以取胜。"

有人出了一个主意,建议用佯装败退之计,以骄庸军,然后再去进攻他们。于是,楚军与庸国开战不久,楚军便佯装难以招架,败下阵来,向后撤退。如此一连几次，楚军节节败退，庸军七战七捷，不由得骄傲起来，渐渐开始不把楚军放在眼里，松懈了斗志。

在这种情况下，楚庄王率领增援部队赶来，军师说："我军已七次佯装败退，庸人已十分骄傲，现在正是发动总攻的大好时机。"

于是，楚庄王下令兵分两路进攻庸国。此时庸国将士正陶醉在胜利之中，他们怎么也不会想到楚军会突然发起进攻，庸国士兵仓促应战，抵挡不住，楚军就在这种情况下一举消灭了庸国。

楚国为了获得胜利，选择了退让的策略，并最终打败了庸国。可见，退让有时便是为了更好地前进。但凡有智慧和心机的人都应该学会退让，以便积蓄更大的力量，从而获得主动权，为以后的成功创造更好的发展机会，同时也为自己的利益开辟一条宽敞大道。

你的退让表面上迎合了对方的需要，把对方的利益放在了第一位，实际上却为自己赢得了长远的发展。假如你明明知道自己不是对方的对手，还去和对方搏斗，最后吃亏的只会是你自己。而妥协与退让却能为你保存实力，以便在将来的一天打败对手。

2.放弃是选择的跨越，有选择就必然要放弃

人生如演戏，每个人都是自己的导演，只有学会选择和懂得放弃的人才能创作出精彩的电影，拥有海阔天空的人生境界。不要再不断地抱怨自己的生活太忙碌，因为在那么多忙碌的事情中，总有几件事情是可以放弃的。如果你还在为那些蝇头小利而舍不得放弃，那么你的一生将注定会碌碌无为。

1957年，松下毅然放弃了研究长达5年的大型计算机项目。这个消息

的传出令所有人都十分震惊，因为当时松下已经对此投资了约15亿日元，而他们的两台样机经过试用十分先进，很快就能大规模投入生产，推向市场。那么，松下为何会放弃这样一个已经接近成功的项目呢？

在松下放弃这项研究前，美国大通银行的副总裁曾到松下进行访问，谈话中不知不觉就把话题转到了电子计算机上。当副总裁听到日本目前包括松下在内，共有7家公司生产电子计算机时，吓了一跳。

他说："在我们银行贷款的客户当中，大部分电子计算机部门的经营似乎都不顺利，而且他们之所以能够生存下去，完全是依靠其他部门的财力支持，几乎所有的计算机部门都出现了赤字。就拿美国的现状来说，除了IBM公司以外，其他的公司都在慢慢紧缩对计算机的投入。而日本竟然有7家这样的公司，未免太多了一点。"

大通银行的副总裁走后，松下对副总裁给的消息进行了仔细的考虑，最后决定从大型电子计算机方面撤退。因为松下的大型计算机项目在接下来的科研、生产以及市场推广上还需要投入近300亿日元，现在放弃，虽然会损失15亿，却可以避免300亿的损失。这个决定不但使松下更加专注于对电器和通讯事业的发展，而且使松下慢慢成为了电器王国的领头军。

看完这个故事，想必很多人都会为松下的"果断放弃"而感到敬佩不已。的确，松下的举动为人们树立了一个很好的榜样。人生苦短，世事茫茫，能成大事者，贵在目标与行为的选择。

能审时度势、扬长避短、把握时机地放弃，不仅是一种理性的表现，也不失为一种豁达之举。

兵法有云：伤其十指不如断其一指。这为我们在舍与得之间指明了前进的方向。无论做什么事，都不可缺乏在专业上的一技之长，眉毛胡子一把抓，样样精通，样样稀松，反而使自己无所成就。因为这样的人忘记了"不怕千招会，就怕一招绝"的秘籍。古训说得好："欲多则心散，心散则志衰，志衰则思不达。”人的精力毕竟有限，世界上最大的浪费，就是把宝贵的精力无谓地分散在许多事情上，而“有所不为”就是为了更加专注。

在有限的生命中理智地做出选择，这是十分难得的，需要人们保持一颗淡然和超然之心。选择是人生成功道路上的航标，只有量力而行的睿智选择，才能拥有更加辉煌的成功。

很多人都在选择，选择自己想要的，选择适合自己的，选择自己喜欢的，却很少人去学习如何放弃。

其实，从某种程度上来说，选择的同时也是在放弃，而放弃的瞬间也是在做着选择，两者是相通的。

关键就在于，你会用怎样的心境看待它们，生活的本质就在于此。放弃是选择的跨越，只有学会了放弃，才能拥有一份成熟；只有学会了放弃，才能让自己多出一份稳重。

3.放弃不切实际的幻想，而不是放弃为之奋斗的过程和努力

曾经有一个人，觉得自己每天都活得不堪重负，没有丝毫快乐可言，于是，他去请教一位德高望重的圣人。

圣人让他背起一只竹篓，然后每走一步就捡一粒石子放进竹篓里。他刚走百步，便觉得背上的东西重得受不了了。

这时，圣人又把石子一粒一粒地从竹篓里取出，并且告诉他说：“这粒是功名，这块是利禄，这粒是小肚鸡肠，这粒是斤斤计较……”

当大半石子被抛出后，他明显感到轻松多了。那个人在圣人的指点下终于找到了自己不快乐的原因。

生活就像一只竹篓，当我们把功名利禄统统压在身上，当然会压得自己失去快乐的感觉。如果把这些东西放下，快乐定会与你为伴。

生活对于每一个人都是公平的，如果我们放弃了一样事物，它一定会给我们另一种幸福。就像我们舍不得放弃阳光的明媚，就不会看见晚霞的美丽；舍不得放弃春天的鸟语花香，就不会拥有秋天的硕果累累；舍不得放弃夏天的绚烂多姿，就不会拥有冬天的雪花飞舞；不舍放弃童年的无忧无虑，就不会拥有长大成人后的辉煌成就……

因此，那些什么都不愿放弃的人，才是对生命的最大放弃。

要知道，昨天的成就，不能代表今天，更不能代表未来。只有勇敢地放弃自己的过去，放弃那些阻挡自己前进的东西，我们才能快乐潇洒地选择另一种生活，从而培养自己对生活的坚定信念。所以，放弃意味着争取。放弃一些我们无意或者是无法得到的，才能够更专注、更有力地追求我们想要得到的。学会放弃，人生才显得更加积极主动。

人生在世，忙忙碌碌，疲于奔波，常常被强烈的欲望所驱赶，不敢停步，不敢懈怠，背上的包裹越来越多、越来越沉，却什么都不愿放弃。如此，收获越来越多，身心也越来越疲惫。

学会放弃，是因为心灵的天空不能塞得太满，就像云朵太多就成了乌云密布，几朵白云飘曳才能显出天空的美丽。

心理学家曾对两只老鼠做过一个实验。研究人员用手紧紧抓住第一只老鼠，无论它怎么反抗挣扎，都没有办法逃脱。这样任老鼠挣扎了一段时间以后，它终于放弃了存活的希望，一动也不动地躺着。这时候，研究人员再把它放到一个温水槽里，老鼠立即就沉了下去，它没有游泳自救。而第二只老鼠并没有被紧紧地抓过，所以被放到水槽里之后，马上就从水里游了出来。

两只老鼠的实验说明，如果放弃了希望，放弃了改变现实的勇气，生活必将变得暗淡，我们也将失去生存的条件。

如果一个人能在不断的打击中，放下心中的阴影，放下脑中的忧虑，把剩下的有限精力投入到新的考验中去，用不达目的绝不停止的坚忍精神开创新的天地，总有一天，他会看见成功的彩虹。

许多时候，胜利者和失败者往往只差一点，那就是坚持的精神和敢于放弃打击后的失落心情的决心。他们从来都不轻信别人的流言，一直以自己的态度为基点，因为只有自己的勇气和辛劳，才能帮助自己解决一切横在面前的难题。

学会放弃，是放弃那些不切实际的幻想和难以实现的目标，而不是放弃为之奋斗的过程和努力；是放弃那种毫无意义的拼争和没有价值的取索，而不是丧失奋斗的动力和生命的活力；是放弃那种金钱地位的搏杀和奢侈生活的创造，而不是失去对美好生活的向往和追求。

放弃，是一种境界，是自我发展的必由之路。昨天的辉煌不能代表今天，更不能代表明天，过去的成就只能让它过去，只能毫不痛惜地放弃。只有学会放弃，才能卸下身上的负担，轻松上路，才能激发出新的力量，有新的收获。如果在奋斗的路上遇到了烦恼，应该先暂时将烦恼放置一边，去做自己喜欢的事，等到心情平和后再重新面对。这是对痛苦的解脱，也是对愉快生活的接受。

4.选择和放弃，都需要在正确的人生观和世界观中进行

在金庸的《笑傲江湖》中，辟邪剑法是一种非常厉害的剑法，这种剑法来自《葵花宝典》。《葵花宝典》是皇宫中的一位宦官所著，后为福建莆田少林寺方丈红叶禅师所得。红叶禅师临圆寂之时，以其悲悯情怀，将《葵花宝典》毁去。而他的弟子渡元却舍不得将从《葵花宝典》中悟出的辟邪剑谱毁去，但他也郑重告诫，这门剑法有种种违碍，佛门人固然不

应研习，俗家人更万万不可研习。

那么，为什么不能研习呢？据书中说，主要有两个原因：一是第一关凶险重重，必须“引刀自宫”；二是修习宝典所导致的后果，是“断子绝孙”。但这似乎并不能阻止人们对这种武功的向往。

魔教得到的《葵花宝典》残本，掌握在任我行手中，他觉察到东方不败日渐跋扈，乃以之相授。东方不败习练《葵花宝典》，照着宝典上的秘方，自宫练气，炼丹服药，致使性情和生理发生大变，但武功却是突飞猛进。后来，任我行、向问天、令狐冲、任盈盈四人联手和东方不败交手，也只能靠他分心受伤，才打败了他，对他的武功都非常佩服。东方不败研习《葵花宝典》，虽然在本质上是受到了任我行的算计，即见到《葵花宝典》是被动的，但他对这门功夫的热爱与痴迷却是发自内心的，也就是说，一旦见到这份秘籍，也就化被动为主动了。岳不群和林平之则不同，他们一开始就是主动的。

金庸在叙述东方不败、岳不群和林平之诸人对《葵花宝典》的痴迷时，显然是带有价值判断的。因为武功本身并无所谓好坏，事实上，掌握了辟邪剑法的渡元法师，行侠仗义，就完全是一个正面形象。无论是引刀自宫还是断子绝孙，都是达到那一武功境界的必要条件，也就是作为前提必须要放弃的东西。如果为了研习《葵花宝典》或辟邪剑法，舍去了某些在世俗看来非常重要的东西，得到了境界的提升，似乎并不存在什么问题。

这个故事告诉我们，选择和放弃的标准，须是人性之正、人性之常，是趋向正面的东西，否则，即使是做坏事，也可以在选择与放弃这一范畴中做文章了。

一部《泰坦尼克号》让泰坦尼克号的故事举世闻名。2009年，泰坦尼克号中最后一位生还者也离开了人世。这艘传奇的豪华游轮的风云故

事还在续写，只不过，除了Rose和Jack的惊世爱情之外，泰坦尼克号还有更深的隐情。

美国新泽西州州立大学教授、著名社会学家戴维·波普诺在他的《社会学》一书中写道："不幸的是救生船不够。尽管很多人(超过1500人)遇难，但乘客遵守'先救妇女儿童'的社会规范，使得英国公众和政府面对这一巨大的灾难，'可以找到一些安慰'——统计数据表明：乘客中69%的妇女和儿童活了下来，而男乘客只有17%得以生还。

这是英国人奉献给世界的一条活生生的文明守则。这条照顾和保护弱势群体的文明守则曾给予英国人最大的尊敬和无比的安慰。

然而，波普诺接下来的分析却让英国人无法面对了。

"我们发现，三等舱中的乘客只有26%生还，与此对应的是，二等舱乘客的生还率是44%，头等舱的乘客生还率有60%。头等舱男乘客的生还率比三等舱中儿童的生还率还稍高些。轮船的头等舱主要由有钱人乘坐，二等舱乘客大部分是中产阶级职员和商人，三等舱(以及更低等)主要由去美国的贫穷移民乘坐。"

这才是人类社会更为强悍的真正的生存法则。

好莱坞的豪华制作奉献给了我们一个公主与平民的爱情童话。然而，还原到当时的泰坦尼克号上，那个以为自己拿了一手好牌的Jack尽管有一段离奇艳遇，并因最终将生还的机会留给恋人而在恋人的记忆中得以永生，事实上，即使Jack不将生还机会让给Rose，恐怕他生还的机会也是渺茫的。甚至，他连看到救生船只的机会都没有，便被排除在了救助范围之外。这才是真正的"泰坦尼克号传奇"。

好莱坞奉献的是一段梦幻，而现实总是冰冷而残酷的。

波普诺的分析毫不客气地拆穿了英国人的"安慰"。"在泰坦尼克号上实践的社会规范这样表述可能更准确一些：头等舱和二等舱的妇女和儿童优先。这才是泰坦尼克号上的真正生还规则。"

是的，品质、财富、权势和声望决定了泰坦尼克号上谁可以被救、谁不值得被救。当文明的英国人再去回望时,他们发现自己的规则无法支撑自己的信仰。因了这一个矛盾的取舍,痛苦、失落在此后的日子里一直伴随着他们。

所以说,有良知的“舍与得”才是正确的投资。

众所周知,当年巨人集团总裁史玉柱“东山再起”的一个焦点,就是拿出1.5亿元的巨额资金,还老百姓债这件事。从法律角度来看,史玉柱只需选择破产,便可甩掉债务包袱。但他没这样做,而是选择以再次创业卖脑白金,来兑现“还钱”的诺言。

有一道测试题:你开着一辆车,在一个暴风雨的晚上,经过一个车站,那里有3个人正在等公共汽车。一个是快要死的老人,很可怜;一个是医生,他曾救过你的命,是你的大恩人,你做梦都想报答他;还有一个女人/男人,她/他是那种你做梦都想娶/嫁的人,也许错过就没有了。但你的车只能坐一个人,你会如何选择?

面对问题,每一个人都难以取舍,因为每一个选择都有它应该存在的原因:老人快要死了,应该先救他,没有什么比人的生命更重要;每个老人最后的终点站都是死,所以应该先让那个医生上车,因为他救过自己,这是个报答他的好机会;对于恩人,可以在将来某个时候去报答他,,但是一旦错过了这个机会, 你可能永远都无法再遇到一个让你这么心动的人了。于是,仁者见仁,智者见智,即便是面对两难的抉择,人们也尽量厘清思绪,从中选择一个对自己最重要的答案,并搜肠刮肚地给出一个看上去比较冠冕堂皇的理由……

最后,有人给出了一个答案:

“把车给医生,让他带着老人去医院,而我则留下来陪我的梦中情人一起等公车!”

这个答案可谓是“取舍有道”的一个最好例子。它说明:取舍之间是需要胆略和智慧的,但它更决定于你的人生观和世界观。

请你认真思考以下问题,并将答案写下来,它们有助你建立起正确的取舍之道。

(1)生命中你到底在追求什么?

(2)什么才是你真正想要的?

(3)在你所有的梦想都实现了之后,你还需要什么?

(4)什么时候是你最感幸福和欣慰的时刻?那是一种怎样的感觉?

(5)什么事情使你最感动?你是如何获得这种感觉的?

(6)你来到这个世界的价值是什么?什么事情对你是最重要的?

(7)在你生命中不能没有什么?你到底为了什么而活着?

(8)你怎么做才觉得生命是最有意义的?

5.不争一时之长短

庄子曾经讲过一个故事:每天都有许多钓鱼虾的人,大部分人都是扛着竹竿东奔西走,池塘边、小河边,甚至是湖边,他们都钓得不亦乐乎,天天有所得。只有一个人每天蹲在海边钓海鱼,他的鱼钩就像大铁猫一样大,钓线犹如水桶一样粗。可是,日复一日,年复一年,十年过去了,他依然毫无收获。别人都觉得他这个人很奇怪,有人还说他像“傻瓜”。后来,他终于钓到了一条大鱼。他将鱼弄到岸上分割开来,让所有的人一同分享美味,很长时间都没有吃完。

这个寓言故事说明了一个道理:做人,不可争一时之长短,想要有大的收获,就必须付出长时间的努力和等待。不争一时之长短的人,懂得“四两拨千斤”,与只会使用蛮力的人相比,他们靠的是高明的智慧。实际上,“不争”只是因为时机未到,还不值得争,一旦时机成熟,就应该奋力拼搏、坚决果断、毫不退缩,将“争”进行到底。古往今来,能成大事者无不具备这种优秀的品质。

不争一时,才能换来长久

人生短短几十年,大好时光匆匆而过,如果将大量的时间都花费在“争论一时长短”之上,那岂不是太可惜了?一个理智之人,就应该做到有所为有所不为,不该争的东西就坦然地放下,这样才能够为心中那个更大的目标而积蓄力量。事实也证明,越是伟大的成功,越是伟大的事业,越需要长期的努力与付出。

在一个大森林里,“百兽之王”狮子建议9只野狗和它一起合作外出猎食。经过一天辛苦的捕猎,它们一共抓住了10只羚羊。狮子说道:“现在猎物已经到手了,但是我们必须找一个明事理的人,来帮我们分配这顿美餐。”话音刚落,一只野狗便马上说道:“这不是很好分嘛,一对一最公平了。”狮子听了非常生气,它立即将野狗扑倒在地,将野狗打昏了。其他野狗看到这一幕都吓呆了,过了一会儿,其中一只野狗鼓足勇气地对狮子说:“不!不!大王,刚才我的弟兄说错了,我觉得应该这样分:给您分9只羚羊,那您和羚羊加起来就是10只,我们分1只羚羊,加起来也是10只,这样就公平了。”狮子听了非常满意,问道:“你是怎么想到这个分配妙方的?”野狗回答道:“当您将我的弟兄扑倒打昏后,我就立刻增长了这点儿智慧。”

和狮子相比,野狗的实力自然是大大不及,尽管它们在数量上占优势。在这种情况下,野狗只有屈服于狮子的霸道和权威,才能够保全性命。倘若它们为了实现公平而争论不休,后果可想而知。因此,野狗的做法是明智的。

常常争一时长短的人总是认为自己有的是时间,有的是机会,也有的是激情,即便是经历挫折也在所不惜,却从来不考虑能不能凭借自己的实力将事情做好。当历经了无尽的沧桑,受尽了痛苦的磨难之后,他们才悄然大悟:原来自己可以通过其他的方法来获得成功。可此时显然为时已晚,青春不再,勇气不再,就连激情也不再,拿什么来换成功呢?所以有人说:"智慧之人不争一时之长短, 愚蠢之人则常为眼前得失而自断后路。"

让他三尺又何妨

在我们周围,总是有一些人为了鸡毛蒜皮的小事而争来斗去,细想一下,这样做实在毫无意义。这种做法只会降低自己的人格,只有能忍能让、不争一时长短的人,才显得超脱潇洒。

在安徽的桐城有一处名扬四海的景址:六尺巷。这本是一条极为平常的小巷,它之所以能够被世人记住,是因为这里流传着一个令人称道的故事。话说在清朝康熙年间,在京城任文华殿大学士兼礼部尚书的张英,收到了一封家书。原来,家人正在修建房子,但由于建围墙一事和邻居争起了地皮,还闹到了官府。双方争执不下,家人只有写信给他,希望他能够回去主持公道。张英随即修书一封,他这样写道:"千里修书只为墙,让他三尺又何妨,万里长城今犹在,不见当年秦始皇。"收到张英的信之后,深明大义的家人也感到只为争几尺巷地而闹得邻居不和,实在说不过去。于是,便采取了谦让不争的态度,将待建的围墙退让了三尺。邻居得知此事后,也深深地被张英的官德所感动,也将自家的围墙向后退让了三尺。这样一来,两家的围墙之间就形成了一条六尺宽的小巷,从此以后两家和睦相处,再也没有出现过纷争。"六尺巷"成了互谅互让之美德的象征,这个故事也流传到了今天。

张英身居高位,却没有滥用权力为家人出头,反而教育家人不要争强好胜,其美德令人敬佩。不过,并不是每个人都懂得"不争一时长短"

的意义。很多人没有足够的耐心,看到别人收获了成功,便迫不及待地进行效仿,结果因小失大;还有一些人年轻气盛、血气方刚,眼睛里容不得一点沙子,不懂得采取迂回战术,只要看到无法忍受的事情,便要上前进行一番较量,这无异于拿鸡蛋去碰石头,结果只能落得惨败的下场。

和,是一种需要人们精心培育和建设的文化。只有舍掉“争”,才能换来“和”。一个“和”字,包含许多内容:和气、谦让、体谅、互尊等。在现实生活中,人与人之间出现一些鸡毛蒜皮的小矛盾在所难免,只要相互讲点风格、讲点礼让,矛盾自然就会化解,这是和谐生活的前提。

很多人都感叹“做人真难”,难在怀才不遇,难在不被理解,难在遭遇强权,难在陷入困境……的确,这些状况无疑会使我们的生活充满艰难和险阻。但是,如果你不去计较,它们也成不了大气候。所以说,做人应该把眼光放得更加长远一些,而不是束缚在眼前的利益上。

6.最大的包袱不是拿不起,而是放不下

修养心灵不是一件容易的事,要用一生去琢磨。人生最大的明智就是拿得起,放得下。只有这样,人才能活得轻松而幸福。

所谓“拿得起”,指的是人在踌躇满志时的心态,“放得下”,则是指人在遭受挫折或者遇到困难时应采取的态度。李嘉诚有一次在长江集团周年晚宴上说:“好的时候不要看得太好,坏的时候不要看得太坏。”这句话是李嘉诚人生修炼最高境界的体现,也就是“拿得起,放得下”。

人生的烦恼来自于非分的欲望,种种诱惑使你心中的明月蒙尘。修养心灵不是一件容易的事,要用一生去琢磨。“放得下”非常不容易做到,有了功名,就对功名放不下;有了金钱,就对金钱放不下;有了爱情,就对爱情放不下;有了事业,就对事业放不下……肩上的重担,心上的

压力，使我们生活得非常艰难。

在非洲，人们抓捕狒狒有一套十分奇特的招法。他们将狒狒爱吃的食物高高举起，故意让躲在远处的狒狒看见，然后把这些食物放进一个小洞中。等人们走远，狒狒就会欢蹦乱跳地过来，把爪子伸进洞里，紧紧抓住食物，但由于洞口极小，它的爪子握成拳后就无法从洞口抽出来。这时，人就可以不慌不忙地过来收获猎物，根本不用担心狒狒会跑掉，因为它们舍不得那些可口的食物。越是惊慌和急躁，就将食物攥得越紧，爪子就越是无法从洞中抽出来，终于搭上了卿卿性命。

其实，那些狒狒只要稍一松开爪子，放弃食物，就可以溜之大吉，但它们却偏不！就这一点来说，狒狒如人，亦可说人如狒狒。作为更具理性的人，绝非无意识的狒狒可比，我们完全可以学会放弃，并敢于放弃。法国哲学家、思想家蒙田说过：今天的放弃，正是为了明天的得到。

为什么有的人活得轻松，而有的人活得沉重？因为前者是拿得起，放得下，而后者是拿得起，却放不下。歌德说：“一个人不能永远做一个英雄或胜者，但一个人能够永远做一个人。”这里，“做一个英雄或胜者”，指的便是“拿得起”的状态；而“做一个人”，便是“放得下”的状态。

有个人两手各拿着一只花瓶前来拜见“三祖寺”的宏行法师。法师对他说：“放下！”那个人便把左手拿的花瓶放下了。法师又说：“放下！”他便把右手拿的花瓶也放下了。法师还是对他说：“放下！”那个人说：“法师，能放下的我已经都放下了，我现在两手空空，没有什么可以再放下了，您到底让我放下什么呢？”

法师说：“我要你放下的，你一样也没有放下；我没有叫你放下的，你全都放下了。花瓶是否放下并不重要，我要你放下的是心中的杂念。你的心已经被这些东西填满了，只有放下这些，你才能从生活的桎梏中解放出来，才能懂得真正的生活。”那个人终于明白了，点了点头。

宏行法师最后说：“‘放下’这两个字听起来容易，做起来却很难。有的人追求功名，他放不下功名；有了金钱，就放不下金钱；有了爱情，就放不下爱情；有了忌妒，就放不下忌妒。世人能有几个真正做到‘放下’呢？”

“放下”，不失为一条追求幸福的绝妙方法。拿得起是一种执着，而放得下则体现了一种气魄。不过，人类本是欲望动物，几乎每个人的内心深处都有一种“得到越多越好”的理念。也就是说，当我们拿起一件东西时，就很难再把它放下，而这一点也正是烦恼产生的根源所在。人生有太多无奈，皆因“放不下”引起。

“拿得起”需要超乎常人的自信，需要积极向上的心态，更需要有勇有谋的智慧。具备了这些品质，才有可能在残酷的竞争中脱颖而出，得到自己想要的。很多人都认为，人生最大的成就就是不断地拿到自己想要的，但实际上恰恰相反，“放得下”才是最大的包袱。学会放下，才能赢得成功的人生；学会放下，才能换来从容的生活。只有放下，才能够帮你在困惑的十字路口做出决定，让你的人生之路越走越远。

知足的人，能够找准自己的位置，贫穷不以为苦，富裕不以为乐，觉得这样也好，那样也不错，不管物质好坏、境遇顺逆，都保持积极乐观的心态。它并不是一种消极的思想，而是对现实生活中的正确反映，绝对值得提倡。试想，一个年薪只有3万元的人，却总是想拥有一套价值千万的豪宅，岂不是太不现实了吗？倘若他学会满足，日子照样可以过得有滋有味。

生活原本是非常纯朴、简单的，学会舍弃自己不特别需要的，保持一颗简单和明朗的心，即使是在奔跑中，你也可以很沉稳。

7.放弃是一种智慧——没有明智的放弃，就不会有辉煌的获得

船舶航行在大海中，当遇到毁灭性的狂风暴雨等紧急危险时，船员便会扔掉船上一切可以扔掉的物品，以便尽量减轻船的负担，让航船能从危险中解脱。

人生也如同一艘航船，当我们遇到一些巨大的困难时，必须扔掉一些可有可无的东西。然而，在遇到困难之前，我们是否想过提前丢掉那些不必要的东西呢？生命之舟载不动太多的虚荣和物欲，只有选择自己所需轻载航行，才能让它顺利度过各种艰难险阻，成功到达理想的彼岸。

有的人放不下诱人的钱财，于是想尽办法想要多赚一些，甚至铤而走险利用职务之便侵吞公款，最终丑事暴露，身败名裂；有的人无法抑制对权力的渴望，一心往上爬，溜须、拍马、贿赂等手段层出不穷，等到权力尽失、身陷囹圄的时候已经是后悔莫及。

大千世界纷繁复杂，现代社会物欲横流，每个人都有无法得到和必须放弃的东西，如果纠结于拥有，则会无法释怀，失去快乐的心情。只有乐观、豁达的人，才能直面失去，在失去之后依然保持轻松平和的心态。

放弃，是每个人都应该学会的，这不仅能让自己保持健康的心态，也是成功路上必然的选择。放弃并不是失望的退却，而是一种智慧的选择。获得是很多人奋斗的目标，而学会放弃，则能让一个人拥有更好的获得。

有一家餐馆招聘钟点工，面试官是餐馆的老板，他向应聘者提出了这样一个问题："餐厅里正值人流高峰，你在送餐时不小心滑了一下，手

中的托盘即将摔落,你会怎么办?”

许多应聘者的回答都是答非所问,应聘的人一个接一个地走出面试的房间,老板的脸上却没有喜悦之色。萨姆也被问到了这个问题,他不慌不忙地答道:“如果四周都是客人,我会尽全力把托盘倒向自己。”老板听后面露喜色,最终萨姆被聘用了。

萨姆能得到这份工作,因为他果断地将即将摔落的托盘倒向了自己,保证了顾客不会因此受到伤害。尽管从眼前来看,萨姆的利益受到了损害,但是他保全了顾客的利益,那也就意味着保全了餐馆的利益。萨姆的成功就在于他敢于放弃。

象棋中有“丢卒保车”的战术,同样,在人生中,有时候我们也必须学会放弃。当然,“捡了芝麻丢了西瓜”的做法则是不明智的放弃,是不可取的。得失之间的效果,可能不会在短时间内见效,但是善于取舍的人,会取得其中的主动权,让它发挥最大的功效。

战国时期的冯谖就是一个懂得放弃的人。他是“战国四公子”孟尝君的门客,生活落魄,性格狂放不羁,然而孟尝君却以礼相待,终于感动了他,他决心寻找机会报答孟尝君的知遇之恩。

冯谖在孟尝君门下“白吃”了3年之后,机会终于来了。孟尝君要派人到他的封地薛邑去讨债,大家都知道这件事情极为棘手,所以无人愿意前去。这时,冯谖站了出来,主动承担了这个责任。他问孟尝君想要用催讨的钱买点什么回来,孟尝君说:“就买点我们家没有的东西吧!”冯谖领命而去。

薛邑地区十分落后,人们生活都很穷苦,这也是为什么其他门客都不愿意前来讨债的原因。而当地百姓听说孟尝君的讨债使者来了,心中充满了怨言。冯谖了解到这个情况后,便将此地的百姓集合了起来,对大家说道:“孟尝君知道大家生活困难,于是特意派我前来免除大家的债务，利息也一并免除。我把借据也带来了，今天就当众烧掉，大家的债务从此一笔勾销。”大家简直都不敢相信自己的耳朵。随后，冯谖在众人面前烧掉了借据，大家终于相信这是真的，众人感激涕零，称赞孟尝君的仁义。

冯谖回去后，孟尝君询问他讨债的情况，他回答道：“不但利息没讨回，借债的债券也烧了。”孟尝君听后很不高兴，冯谖接着说道：“您不是叫我买家中没有的东西回来吗？我已经给您买回来了，这就是‘义’，这样做对你收拢民心大有好处啊！”

过了几年，孟尝君遭人陷害丢失相位，回到了自己的封地薛邑。当地百姓听说自己的恩人回来了，纷纷出迎，全城空巷，表示坚决拥护他、跟随他。孟尝君大为感动，这时才体会到冯谖“焚券市义”的苦心。

冯谖虽然让孟尝君损失了一些金钱，却让他得到了金钱都买不到的人心。史学家范晔曾说：“天下皆知取之为取，而不知与之为取。”说得正是这个道理。

人生之中有得必有失，难免经历风雨坎坷，只有学会放弃，才能获得成熟，才能让生活更加充实和坦然。进退从容，积极乐观，必然会迎来光辉的未来。

8.放弃犹豫，选择立即行动，将成功无限

人的一生，经常会面临很多选择和判断，有时候，对错仅仅是一纸之隔或一时之间，而人们往往会因为一些心理矛盾，使自己陷入彷徨中，不能够立即做出清醒的判断。尤其是在影响一生的重大选择上，人们的犹豫表现得更加明显。殊不知，最终导致错失良机的恰恰就是犹豫。

人生道路上，思前想后固然可以防止做错事情，但同时也可能会令

你失去更多成功的机会。那些做事情举棋不定、犹豫不决的人，最后往往都是两手空空、一事无成。因为这种做法总是会让时机从身边溜走，从而难以使自己的生活过得更好，让自己的事业获得成功。

李老师是一名年轻教师，一次，他被通知要上一节公开课，校领导说到时会有很重要的上级领导来旁听。当时，李老师感觉心理压力非常大，因而对这项任务总是犹犹豫豫的。他曾想过去找校领导推掉这个任务，但又说不出口。到那天，他只好硬着头皮，鼓起勇气走上了讲台。没想到的是，一开口，他突然冒出了这样一句话："全体起立，向后转。"话音刚落，台下一片哗然。

从心理学角度来看，优柔寡断是意志薄弱的表现。意志是人的意识能动作用的表现，是人在认识客观事物时，自觉地确定行动目标并选择适当的手段，通过克服困难达到自己预定目标的心理过程。

犹豫不决主要表现为左顾右盼、拿不定主意、缺乏主见、优柔寡断等。人在犹豫的时候，心态往往是非常矛盾的，前怕狼后怕虎，使自己陷入强烈的内心冲突。就拿李老师来说，一方面，他觉得推掉任务是不给领导面子的表现；另一方面，他又担心自己做得不够完美。在他的内心发生冲突时，由于他的犹豫，他没能很好地解开这个结，最终硬撑着去讲课，导致在课堂上出现了问题。

犹豫是人生成功的首要敌人。生活中，很多人之所以一事无成，大多都是因为他们缺乏敢于决断的勇气和魄力，常常左顾右盼、思前想后，错失了成功的最佳时机。而那些成功者，却能在看到事情成功的可能性到来时，立即做出重大决定，因而取得了先机。

所以，我们应从今天开始，从现在做起，逼迫自己训练并养成一种坚毅、果断的能力，面对任何事情都不要犹豫不决。

从前，印度有位哲学家，他饱读经书，很有才情，因而得到了许多女性的青睐。一天，一个漂亮女子来敲他的门，说："让我做你的妻子吧，如果错过我，你就再也找不到比我更爱你的女人了。"哲学家虽然也很喜欢她，但还是说："让我考虑考虑。"

回去以后，哲学家用一贯研究学问的精神，把结婚和不结婚的好坏分别列了出来，结果却发现这两种选择的好坏是均等的，他一时不知该怎么办，陷入了长期的苦恼中。最后，他左思右想，终于得出了一个结论：人若在面临抉择而无法取舍的时候，就应该选择自己未曾经历过的那个。他心想：我清楚不结婚的处境，但还不知道结婚后是怎样的情况，对，我应该答应那个女人的求婚。

哲学家做出决定后，就来到了那个女人的家中，刚好遇到女人的父亲，他问："你的女儿呢？请你告诉她，我已经考虑清楚了，决定娶她为妻。"女人的父亲听后，冷漠地回答道："现在太晚了，我女儿已经结过婚了。"

哲学家一听，几乎要崩溃了。他万万没有想到，一直引以为傲的哲学头脑，最终换来的却是一场悔恨。不久以后，哲学家便抑郁成疾。再后来，他将自己所有的著作都丢入了火堆，只留下了一句对人生的批注：如果将人生一分为二，那么，我们前半段的人生哲学应该是"不犹豫"，而后半段的人生哲学应该是"不后悔"。

英国著名作家莎士比亚曾说："重重的顾虑使我们全变成了懦夫，决心的炽热光彩，被审慎的思维盖上了一层灰色。伟大的事情在这种考虑下，也会逆流而退，失去行动的意义。"

纵观古今，凡成大事者大都有智慧选择的趣谈；而那些失败者，却都有不能果断抉择的遗憾。

我们在生活、工作中需要面对各种选择，就连游览风景区也需要做出选择。由于时间的问题，我们不可能走完所有路线，那么，这个时候应该怎样取舍呢？

凡碰到一个岔路口，我们就应选择一个前进的方向，一边走，再一边做出下一个选择。每选择一次，就必然要放弃一次，当然也会遗憾一次。

但是，尽管我们放弃了一些地方，却能够在有限的时间内看到尽可能多的风景。反之，如果我们不当机立断，便会失去更多。人生亦是如此，左右为难的情况时常都会出现，为得到一半，就必须要放弃另一半，如果过多地权衡，患得患失，到头来只会两手空空，一无所获。

伟大诗人歌德曾说过："长久迟疑不决的人，常常找不到最好的答案。"因此，在生活中，我们不能再犹豫不决了，应有意识地训练自己的果断力，这也是取得成功的秘诀所在。当然，想要提高果断力，就要认识到"不懂放弃就难得拥有"的道理，要明白机会只在一瞬间。

在最短的时间，选择做出明确的决定，定能为自己赢得更多的成功机会。